Fashion Bags & Accessories

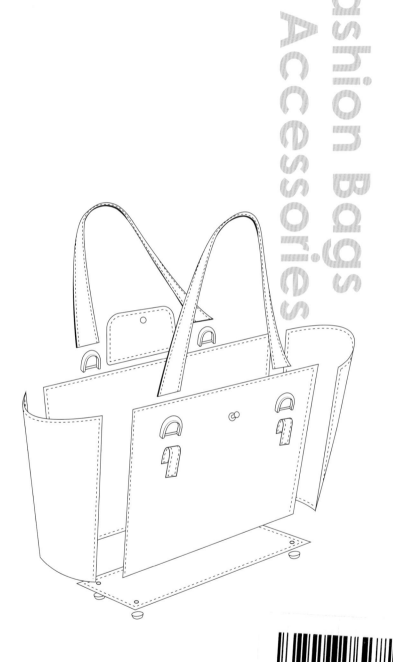

时尚箱包及配饰

[英] 达拉－简·吉尔罗伊（Darla-Jane Gilroy）著

国情 译

U0219311

机械工业出版社

CHINA MACHINE PRESS

前　言

曾经只被当作实用性产品的箱包，如今已成为真正的时尚风向标，无疑是全球时尚产业中最重要的配饰产品。箱包独立于服装而存在，标志性包袋的"大声宣言"，成为推动创新设计的一股洪流，已经与"装东西的袋子"渐行渐远。

本书从创意设计、材料、产品研发、技术创新、部件设计和品牌推广等方面，深入探讨时尚包袋。书中还介绍了设计师应如何规划职业发展路径，总结了制作作品集的流程和方法，并强调了在职场中必备的商业技能，以及如何建立个人技能库，助力设计师在竞争激烈的时尚界中脱颖而出。

本书主要围绕经典款式和新品类的时尚包袋进行讲述，但也涉及其他配饰产品，包括钱包、皮夹和盒套等小皮具，以及鞋履、眼镜、手套和皮带等产品。

1 箱包的前世今生

第 1 部分简述了时尚包袋的历史，以及包袋在今天时尚界中的重要地位；涵盖了女式、男式和无性别的时尚包款，以及新兴的配饰类别，同时探讨了包袋、服装、鞋履和其他配饰之间的关系。

2 创意设计过程

第 2 部分从概念的建立，到作为预测工具的趋势研究，探讨了创意设计过程；详述了如何将视觉调研转化为创造性的设计理念，以及通过分析市场和受众来创建一个成功的包袋系列。

3 绘图

第 3 部分重点展示了如何通过绘图产生创意点，绘图如何辅助设计发展，以及如何绘制工艺技术图。本部分还包括设计、编辑和开发箱包系列作品，以及如何准备作品的展示文档；也介绍了一些数字软件，用于设计绘图、品牌推广、图形和作品集排版等。

4 材料

第 4 部分介绍了箱包配饰的材料，以及不同材料最适合做的包袋类型；重点讨论了时尚包袋配饰中使用最广泛的皮革材料，可持续和符合道德标准的材料的使用，以及皮革替代品。

5 产品研发

第 5 部分展示了通过标准制作工艺，将 2D 图转化为 3D 实物产品的过程，其中包括产品研发的可持续和符合道德标准的方式。

6 技术与设计

第 6 部分探讨了新兴技术为箱包配饰设计提供的新机遇。

7 其他配饰

第 7 部分介绍了其他配饰类产品，及其在时尚配饰中的地位，包括小皮具、鞋履、眼镜、手套和皮带，并特别为每一类配饰列出了专业术语解释。

8 职业发展

第 8 部分简述了一名专业设计师进入时尚业所必备的职业素质：设计教育、实习、作品集制作、交叉学科探索，以及进入时尚产业的路径。

目　录

1
Context
箱包的前世今生

毫无疑问，服装、鞋履和箱包配饰之间是密不可分的。服装廓形的变化，人们着装需求的更迭，以及服装材料和制作流程的演进，都会对人们的服饰穿搭方式产生影响。一方面，包、鞋和配饰影响着人的仪表，甚至能让人面貌一新；另一方面，这些物品所散发出的美感，也让人心旷神怡。所以，无论从自身体验，还是向周围人传递信息，时尚配饰都已远远超越了日常生活用品的范畴。

相比鞋履，包袋更容易引人注目。在拥挤的人潮或红毯活动中，一款卓尔不凡的包袋犹如灯塔之光般耀眼。包袋还有一个好处，就是不像衣服和鞋，可能与穿着者尺寸不匹配，包在尺寸方面就没有限制。换言之，如果把包袋当作礼物，无论被赠予的对象体型如何，都不必担心包袋有试穿大小的问题。鉴于此，对于任何年龄、身材、性别和生活方式的人来说，包袋都是一个理想的配饰伴侣。

时尚包袋的诞生

最初包的出现，是因为衣服上没有口袋，
男女都会在腰间系一个类似于荷包的袋子。

17世纪，小偷和"割袋贼"（从腰带上割下袋子的扒手）的泛滥，使得袋子被安置在男性衣服内，在男士们的衣服表面开一个缝来取用物品。渐渐地，这些袋子变得更大、更扁，并最终被缝在衣服上形成了"口袋"。至此，大多数男人外带的荷包袋子消失了，但女士包袋并非如此。女士们继续用荷包携带物品。19世纪初，帝政时期的修长服装廓形引领了时尚风潮。随后，女士们的包袋变得越来越大，附以精美的材料和工艺，迅速成为地位和身份的象征物。以手提网袋为代表的包袋，被女士们用来携带扇子、名片和钱。

到了19世纪末，手提包出现了，这得益于当时火车旅行的兴盛。女士们使用小型手提包来容纳重要的随身物品。这些包由皮革制成，因为皮革更耐用，能抵御开裂和灰尘，且皮革能够被加工成各种不同的颜色和纹理。时至今日，皮革仍是最受欢迎的包袋

帝政时期的高腰直身裙和女士手提网袋

8

由玛丽亚·利卡兹－施特劳斯设计的装饰艺术时期的串珠包袋

材料，尽管流行趋向于使用更加可持续的材料，但全球每年生产的包袋中，依然有近 50% 是用皮革材料制成的。

从 1920 年开始，一种新的材料——塑料，作为包袋架子口（就是口金包的架子框）的材料，用来替代玳瑁和象牙。同时，塑料也被作为稀有动物皮的代替品。

20 世纪 20 年代，受到服装廓形变化，艺术运动（如立体主义绘画），包豪斯（1919 年在德国成立的有影响力的艺术和工艺学校）推广的现代主义设计，以及女权运动诞生的影响，包袋作为时尚配饰也随之发展变化。玛丽亚·利卡兹 - 施特劳斯（Maria Likarz-Strauss，1893—1971）是一位纺织品

设计师，在 20 世纪 20 年代就职于奥地利的维也纳工作室（Wiener Werkstätte）。维也纳工作室将传统手工艺和工业产品融合在一起。利卡兹 - 施特劳斯设计的包袋主要由皮革和布料制成，并巧妙地使用了 19 世纪可工业量产的玻璃珠，结合手工串珠工艺，创作了独一无二的装饰艺术风格的抽象作品，为新工业时代的技术革新注入新活力。

在美国，查尔斯·怀廷（Charles Whiting，1864—1940）复兴了将金属链条编织成精美包袋的古老工艺。他在 1896 年成立了怀廷＆戴维斯（Whiting & Davis）公司，并在整个 20 世纪，用纯银、黄金或镀金材料（在银上镀金）制造编织网袋。起初，金属链条的编织由当地女工完成。但到

了 1912 年，机器代替了手工制作，这意味着可以用更廉价的金属进行大规模生产，这也让更多人能买得起怀廷 & 戴维斯的包袋。1920 年以后，怀廷 & 戴维斯将装饰艺术风格的图案用丝网印刷的方式印制在金属编织包上，公司还曾与时装设计师保罗·波烈（Paul Poiret，1879—1944）合作，为他的系列设计制作特别款。

20 世纪 20 年代末，塑料已成为重要的工业材料，其自身价值也开始得到重视。因其变化多样的特性，塑料被认为是一种体现时代精神的材料。

1929 年，可可·香奈儿（Coco Chanel，1883—1971）设计了她的第一款手拿包。几年后，当时香奈儿的竞争对手，时装设计师艾尔莎·夏帕瑞丽（Elsa Schiaparelli，1890—1973）设计制作了一系列精美绝伦的包袋、帽饰和鞋履，搭配其超现实主义风格的服装设计，更加巩固了鞋、包、帽饰作为服装配饰的穿搭方式。Pochette 是一种结构类似信封样式的小包，通常被夹在胳膊下，紧贴着身体，后来被称为手拿包。手拿包与当时盛行的斜裁服装成为 20 世纪 30 年代的标志。女性手拿包中的物品逐渐增多，包括化妆品、香烟和钱，都反映出女性越来越多地参与到社交活动中。老花图案，即字母交织图案，常被用在手拿包上，以显示包主人的姓名首字母。这些字母交织图案后来演变成设计师名字的首字母，并成了为时尚品牌商标推广的雏形。1933 年，磁扣和拉链被用作包袋的开合五金件。到了 1934 年，手拿包出现了指环，让包更方便携带。1937 年，更长、更实用的包袋手柄成为风潮，手拿包变得更大，与当时的宽袖时装相得益彰。

随着 1939 年第二次世界大战在欧洲战场爆发，

皮革、金属和玻璃等材料纷纷被战争征用。在"缝缝补补又三年"的时代，日常生活用品和以前不会用来制作包袋的材料，让包袋具备实用性的同时，依然保持着时尚品位。家庭自制的钩织、刺绣和针织包袋变得十分普及。材料经过表面处理后，能够模仿漆皮、兽皮和麂皮的纹理。塑料被切成条状，可以编织成复杂的图案。由于玻璃珠的稀缺，晚装包由缎子和天鹅绒材料制成，并装饰亮片。比皮革更轻的合成材料，让包袋可以做成坚硬呈方形的外轮廓。20 世纪 40 年代，女士们随身携带的物品更多了：围巾、手套、化妆品、香水，包袋需要更大、更实用，此时首次出现了肩背款式的包袋。战争爆发后，百货公司还曾销售过可盛放防毒面具的包袋，让女性防患于未然。

20 世纪 40 年代，可盛放防毒面具的包

怀廷 & 戴维斯（Whiting & Davis）公司制作的丝网印金属编织手提袋

进入 20 世纪 40 年代，欧洲战后的经济复苏引爆了时尚革命。1947 年，克里斯汀·迪奥（Christian Dior，1905—1957）的新风貌（New Look），以清雅绝尘的设计一扫战争阴霾，精妙的包袋取代了严肃刻板的战时款式。新风貌彻底改变了女性的服饰廓形，具有雕塑感的外套和长而饱满的裙子，时至今日仍然影响着迪奥的配饰设计风格。

20 世纪 50 年代初，包袋又恢复了战前的尺寸大小，添加了更多装饰，款式也变回手提式。随着战后百货公司的发展，为了拉动包袋和其他配饰的销售额，出现了鞋履、包袋和服装摆放在一起的展销形式。在商场一层，同时售卖鞋履和包袋，让顾客一进入商店就能立马看到。这不禁让女顾客会买上几十件配饰产品来搭配她衣橱里的服装。

整个 20 世纪 50 年代，材料不断推陈出新。例如，一种透明的丙烯酸合成树脂材料，可用于制作晚装包；竹子被古驰（Gucci）当作包袋的手柄材料，成就了又一时尚经典。

拿着竹提手包袋的女士，1957 年

从设计师箱包到 IT 包

最初，设计师箱包是为了搭配服装而诞生的，
比如爱马仕的经典包款——凯利包，
就是以当红影星和时尚偶像
格蕾丝·凯利（Grace kelly，1929—1982）的名字命名的。
凯利经常拎着这款包。

摩纳哥王子雷尼尔（Rainier）和妻子格蕾丝·凯利，以及以她的名字命名的爱马仕凯利包

1955 年，可可·香奈儿女士将她在 1929 年设计的包款进行升级，改名为 2.55（以包首次推出时间 1955 年 2 月命名），彻底改变了设计师箱包的属性。箱包不再是顶部有硬质手柄，必须用手拎着的生活必需品，而变成了一种可以背在肩上，解放双手的时尚单品。肩背包的出现，永久性地改变了时尚箱包的携带方式，也预示着装饰性肩包时代的到来，最具代表性的便是古驰在 20 世纪 60 年代推出的贾姬包（Jackie O Bouvier）。

20 世纪 60 年代的社会变化也影响了时尚界，其特点是更注重实用性和功能性，推崇非正式的着装方式。这一变化主要体现在衣服上有了更多、更实用的口袋，使得箱包不再局限于作为实用品，而更倾向于作为奢侈品。

帕科·拉巴纳的锁子甲肩包

电影明星奥黛丽·赫本和路易威登的 Speedy 25 包

贾姬·奥纳西斯（Jackie Onassis）背着古驰的贾姬包

电影明星奥黛丽·赫本（Audrey Hepburn，1929—1993）的服装造型多由法国时尚品牌纪梵希（Givenchy）提供，而箱包更偏爱路易威登。作为好莱坞的大红人，赫本是名副其实的空中飞人。她与路易威登合作设计了小号的 Speedy 包——Speedy25。这款包可以轻松压扁塞入行李箱，是旅行时的理想包袋。Speedy25 完美呈现了赫本喷气飞机式的快节奏生活，时至今日仍是路易威登最畅销的包款之一。

1969 年，帕科·拉巴纳（Paco Rabanne，1934—2023）随其服装系列，推出了金属肩包和腰带，拉巴纳利用他在珠宝方面的知识，率先将金属和塑料应用于服装、配饰。这季的箱包配饰不仅效果令人惊叹，也稳固确立了时尚箱包在服装系列中的宣言地位。

20 世纪 60 年代的模特崔姬（Twiggy）穿戴着锁子甲腰带和皮肩包

嬉皮士风格的麂皮流苏肩包

"宣言包"（Statement bags）概念的兴起，得益于玛丽·奎恩特（Mary Quant，1930—2023）和芭芭拉·胡拉尼基（Bárbara Hulanicki，生于 1936 年），后者是 20 世纪 60 至 70 年代伦敦最有影响力的碧巴（Biba）服装店创始人。两位设计师都为当时的高街时尚提供了实惠的箱包，充分展现了 20 世纪 60 年代模特、女演员和音乐家的风格，代表人物有崔姬（Twiggy，生于 1949 年）、伊迪·塞奇威克（Edie Sedgwick，1943—1971）、弗朗索瓦丝·哈迪（Françoise Hardy，生于 1944 年）和雪儿（Cher，生于 1946 年）。

20 世纪 70 年代，嬉皮士文化对箱包设计产生

埃米利奥·璞琪的印花丝绸包配以金属肩带

了很大影响，包袋廓形变得松垮，用长长的带子挎在身上。柔软的皮革和麂皮开始流行，还有丝绸和天鹅绒等布料，以印花和刺绣作为装饰。70 年代初，拼布技术和流苏装饰物成为包袋的标志。设计师品牌，如拉夫·劳伦（Ralph Lauren）的系列中，时至今日还可以看到 70 年代的嬉皮士风尚。

埃米利奥·璞琪（Emilio Pucci，1914—1992）在丝绸和天鹅绒面料上印制清晰明快的迷幻印花，并用这些面料制作手袋和肩包。1975 年，罗意威（Loewe）推出了无衬里的 Amazona 包款，成为流浪、享乐主义生活方式的代名词。

到了 1977 年，迪斯科文化在音乐和时尚界占据了一席之地，这是一种与嬉皮士文化截然相反，更加大胆和华丽的着装风格。美国设计师哈尔斯顿（Halston，1932—1990）是纽约迪斯科大舞台的焦点。他将针织面料应用在飞燕游龙般的服装设计中，更适合跳舞，针织面料也因此流行起来。服装搭配了怀廷 & 戴维斯公司生产的金属网小包袋，用来盛放晚间出行的物品。这并非怀廷 & 戴维斯的包袋首次成为时尚偶像，该公司的标志性锁子甲包可追溯到 1896 年，其装饰艺术风格的设计，以及与时装设计师的合作款，在整个 20 世纪 20 至 30 年代都十分风靡（见第 9 页）。

在随后的 20 世纪 80 至 90 年代，设计师包袋逐渐从几十年不变的标志性经典单品，演变为现今由潮流驱动的箱包设计。

20 世纪 80 年代曾有过一段比较浮夸的时期，体现在极繁设计上。这一时期，箱包成为社交工具，通过引人瞩目的设计和品牌形象来表达佩戴者的态度和地位。迪奥的手提包上挂着超大的迪

爱马仕的皮革铂金包

奥 Logo 挂件，包也被更名为"迪奥小姐"（Lady Dior），以纪念当时最具影响力的时尚偶像——戴安娜王妃（Princess Diana，1961—1997）。香奈尔把原先绗缝翻盖包上的"小姐之锁"（Mademoiselle Twist-lock），替换成最初由可可·香奈儿自行设计的双 C 标志。卡尔·拉格斐（Karl Lagerfeld，1933—2019）在 1965 年首次为芬迪工作时设计的 Logo 被重新开发，印制在曾经只用作旅行箱内衬的印花帆布上。这种带有 Logo 的印花帆布（品牌原创印花）被用于包身，加上吸睛的双 F 金属开合扣，打造了更加现代和俏皮的品牌形象。

1984 年，爱马仕为纪念电影明星简·柏金（Jane Birkin，1946—2023），打造了铂金包，至今仍是世界上最知名和最昂贵的包袋之一。因为生产和销售都受到严格控制，使得铂金包在二手市场十分抢手，甚至评论家们认为，这可能是比黄金更保值的投资。后来铂金包也确实创下了有史以来最昂

贵的包袋销售记录。

自 1919 年以来，普拉达一直是意大利王室的官方供应商，在他们的商标上就有萨伏依家族（House of Savoy）的徽章和绳结设计。1983 年，缪西娅·普拉达（Miuccia Prada，生于 1949 年）使用意大利军用的尼龙面料，为普拉达打造了传统和现代元素相结合的全新品牌形象，为奢侈包袋设定了新标准。

普拉达将其标志性的三角形金属 Logo，添加到以实用主义为灵感的设计师包袋系列中。该系列包袋由品牌标志性的尼龙面料制成，重新定义了奢侈时尚包袋。普拉达的黑色尼龙背包男女都适用，是第一款无性别的包袋，这在 20 世纪 80 至 90 年代初成为划时代的标志。

流行文化（包括当时的音乐和电视节目）的盛行，让 20 世纪 90 年代成为时尚箱包被推上神坛的时代。1997 年，芬迪推出了法棍包（Baguette）。包的廓形就像一个夹在腋下的长棍状法式面包，是自 1930 年以来前所未见的包款。这种背负方式完全摒弃了传统淑女式的手提形式，创造了名牌包休闲随意的背负方式。

如果说普拉达的定位是关注包的功能性，那么法棍包则更有自成一派的雄心壮志。电视剧《欲望都市》中的虚构人物凯莉·布莱德肖（Carrie Bradshaw）让法棍包一炮走红（一个经典桥段是她的包被偷了），成为第一款需要排号购买的包袋。简单的廓形和显眼的双 F 扣，让包有超高的辨识度，同时也更易开发系列同款。因为经常出现在《欲望都市》中，法棍包已经拥有 600 多种不同面料和颜色的款式，也成了第一款达人必买的 IT 包。

由莎拉·杰西卡·帕克（Sarah Jessica Parker）饰演的凯莉·布莱德肖和芬迪法棍包

所有设计师品牌都希望，每一季都能推出 IT 包款，成为女性衣橱里的必备单品。在千禧年间，时尚品牌们使出浑身解数，包袋样式层出不穷。普拉达在 2000 年推出的，以 20 世纪 50 年代为灵感的保龄球包大获成功，随后在 2012 年又被重新推出。包袋延续了普拉达的传统，将日用品提升到一个新高度。小号的芬迪法棍包从 2000 年以来一直很受欢迎，并被大量山寨。2001 年，路易威登与斯蒂芬·斯普劳斯（Stephen Sprouse，1953—2004）合作，让街头文化与高级时装碰撞火花，创造出大胆前卫的涂鸦行李箱包。

路易威登随后与艺术家村上隆（Takashi Murakami，

斯蒂芬·斯普劳斯以街头文化为灵感，为路易威登设计的涂鸦行李箱包

杰西卡·辛普森（Jessica Simpson）和路易威登与村上隆合作的字母花纹包

蕾哈娜（Rihanna）和亚历山大·王的罗克包

生于 1962 年）合作。村上标志性的重复印花图案，如樱花符号，代表了日本传统文化。在路易威登的樱花系列中，村上的图案设计与路易威登的标志性纹样交织在一起，共同完成了路易威登又一经典包款。

迪奥以马术为灵感的手提式马鞍包，也因《欲望都市》中凯莉·布莱德肖的角色而蹿红。这种小囊袋状的马鞍包，可以在颜色和面料上做出无穷尽的变化，其改良款被纳入迪奥的男士系列。克洛伊（Chloé）的长方形帕丁顿（Paddington）软包，其吸睛元素是一个巨大的挂锁。这款包的空包重量约达 1 公斤，但仍然仿品无数，上市前就预售了 8000

个，使其成为当时最抢手的 IT 包之一。另一个重量级的包是亚历山大·王（Alexander Wang）的罗克（Rocco）包，既前卫又可以变化出多种造型款式。由于其底座装饰了厚重的铆钉，裸包重量更是达到了 1.4 公斤。

巴黎世家（Balenciaga）在 21 世纪初推出了机车（Motorcycle）包，起初这款包只是为了搭配 T 台秀场上的服装。这款轻巧的包让人联想到穿旧了的机车夹克：柔软的皮革，铆钉，扣袢，以及长长的皮革流苏拉链头。与同时期的其他品牌包袋不同，机车包上没有品牌 Logo，而是靠前卫的金属五金和高品质的皮革来打动消费者。

巴黎世家的机车包

迪奥的马鞍包

克洛伊的帕丁顿包

时尚箱包的重要性

买包是让我有罪恶感的快乐源泉，我甚至不知道自己有多少个包。

波比·德莱文尼（Poppy Delevingne），模特和演员

自 21 世纪以来，时尚箱包和配饰一直是众多奢侈品公司和设计师品牌的主要收入来源。2018 年，全球奢侈时尚箱包的市场规模约为 583 亿美元，预计到 2026 年将达到 899 亿美元。

时尚箱包不仅利润丰厚，而且是展示品牌调性，提高品牌知名度的重要手段。不管是崇雅黜浮的爱马仕，还是印满 Logo 招摇过市的路易威登，品牌都极尽所能来彰显箱包拥有者的富有程度。品牌建设能提升品牌吸引力，建立客户黏性，更好地促进品牌形象和定位发展。对于时尚箱包来说，含蓄或张扬的品牌标识是至关重要的。

一个好的 Logo 必须具有长久的生命力，并能在各种不同媒介中发挥作用。Logo 可以以不同形式出现在一个产品上：印在扣子上，压印在皮革上，编织在衬里上，或者印在包身上。在不同文化、地域和语言中，Logo 都能被正确翻译。Logo 可以一直保持一种颜色，或能与印花、符号或品牌标语互换而不引起歧义。香奈儿的双 C，耐克的勾标，巴宝莉的格纹，蒂芙尼（Tiffany）受专利保护的蓝色，以及蔻驰的马车标志，都在全球范围内享有高度的认可。

有双 C Logo 锁扣的皮革绗缝香奈儿肩包

女 包

歌词：“一个芬迪包和一个坏态度——是我好心情的全部来源。”

来自热门单曲：《在路上的女孩》（Around The Way Girl），歌手：LL Cool J

箱包作为服装搭配的点睛之笔，能增添时尚感或实用功能。个性十足的箱包，会改变整体造型的视觉重点；大胆张扬的颜色和材质，也会成就永不过时的经典包款。作为女性日常生活中不可或缺的一部分，比起服装，箱包更能在不经意间表达自我。例如，许多女性偏爱色彩鲜艳的箱包配饰，而对服装颜色的选择则更保守。

买名牌包是一项明智的投资；衣服贬值很快，而包可以保值甚至增值。名牌包的单价往往超过服装。通过箱包不同的品牌、款式和背负方式（精致的手提款或随意的肩背款），表达了箱包拥有者的态度，从而给他人留下深刻的第一印象。

箱包展现了女性外出离家后的状态，是女性社会独立性的对外宣言。城市环境，如办公室、酒吧、餐馆、剧院、红毯活动、运动场所，或旅行中（无论是周末旅行还是环球旅行），不同功能的箱包在满足不同场景需求的同时，也用来表达女性的个性、价值观、生活方式、独立性、社会地位、时尚度和赚钱能力。例如，实用的双肩背包与晚宴手拿包，所传递出的信息是完全不同的。

在现代时尚领域中，女性箱包配饰持续占据中心地位的原因众多，其中最重要的原因是，越来越多的女性参与到社会工作中，推动了现代“日用包”的发展。除了传统的小皮具，如女士钱包、钱夹和太阳镜盒之外，女性还可以选择更多样式的包袋，来盛放日常携带的、与工作有关的物品，如笔记本电脑、手机、平板电脑和充电器，还有个人物品。这些包袋不仅满足了使用者的功能需求，同时也展现了包主人的个性。

自 20 世纪 20 年代以来，箱包就一直与社会名流和他们令人艳羡的生活方式紧密相连。名人代言、网红和博主们的新品带货，都在引导消费者以全新的方式购物，点燃了人们对买包的热情。品牌们纷纷利用名人代言和不断壮大的网红队伍力量，持续向消费者推荐新产品。

在日常使用中，许多女性都有最偏爱的包袋款式：一个能适应多种场景、与个性态度或生活方式相关的箱包。但是，现代箱包最重要的风格款式是什么呢？它们又对使用者产生了什么影响呢？

埃韦兰斯（Eve·lane）的 ReKnit 托特包

有侧袋和提手的皮革包

托特包

在每个包袋系列中，都会有托特包的身影。这种实用的包款占据全球箱包销售额近 42%。托特包是职场女性的最爱，其宽敞的比例和内部空间，使得包身有足量的收纳力。包身一般为横向或纵向的长方形口袋，搭配两条长的手提带，以及合理的内部分隔，能把女士爱用的口红和笔记本电脑都收纳得恰到好处。包的材质可以是轻便能折叠的尼龙，或者是耐用上档次的皮革，有些还配有包袋品牌的小挂件。

托特包代表包款

珑骧（Longchamp）的饺子包（Le Pliage）

迈克高仕（Michael Kors）的杀手包（Saffiano）

巴黎世家的 Everyday XS

圣罗兰（Saint Laurent）的缪斯包（Muse）

手提包

手提包的背负方式是用手抓持，一般是中型尺寸的日用包，比手拿包或法棍包大一些，用来盛放日常个人物品。手持的方式也让包袋更吸引人的注意。手提包有一个或一对手柄，与其他包款相比，总给人一种端庄但实用性不强的感觉。手提包有很多样式，如秋千包、风琴褶包或文件夹包，也可以用金属架子口作为开合方式。

手提包代表包款

思琳（Celine）的笑脸包（Nano）

巴黎世家的机车包（City）

爱马仕的凯利包

迪奥的迪奥小姐包

马克·雅可布（Marc Jacobs）的 The Stam

JW Pei 的 Gabbi 单肩包

卡尔·拉格菲的金属 Logo 皮革手拿包

单肩包

单肩包是奢侈品市场里最受欢迎的包款之一，包上有可单肩背负的肩带，但因长度限制并不能斜挎在身上。单肩包可以适应多种场景，从繁忙的办公室到晚上可以小酌一杯的酒吧，是一款既舒适又不会出错，能适用多种使用场景的小号手提包。

单肩包代表包款

卡尔·拉格斐的 K/Signature
普拉达的编织手柄肩包
巴宝莉的 TB 迷你包
The Row 的 Hunting 9
圣罗兰的 Loulou Toy

手拿包

手拿包没有手柄和背带，但有些款式会有腕带。与其他包款相比，手拿包容量更小，实用性更低，只能容纳一些必需品。也因其尺寸原因，手拿包更适合晚宴或者一些特殊场合。根据拿在手里的姿态不同，手拿包既可以体现淑女式的端庄优雅，也可以展现不守陈规的随性自由。

手拿包代表包款

华伦天奴的铆钉信封包（Rockstud Envelope）
朱迪思·雷博（Judith Leiber）的 Slim Slide
葆蝶家（Bottega Veneta）的 Pouch Intrecciato
宾恩·戴维斯（Bienen Davis）的 Régine，金属锦缎晚装包

芬迪的皮革法棍包

肩带可调节的皮革压纹流浪包

法棍包

　　法棍包廓形狭长紧凑，就像一个加了拉链或翻盖的大号手拿包。短肩带让包刚好被夹在腋下。这款包最早在 1997 年由芬迪推出，刚推出时其商业价值并不被看好，因为内部空间太小了！但谁也没料到，法棍包成了 20 世纪 90 年代末享乐主义者的最爱。时至今日，这款包已经被重新开发出无数同款系列产品，让法棍包自成一派，始终保持着松弛的美感。

法棍包代表包款

芬迪的法棍包

普拉达的多色尼龙包

路易威登的樱桃印花包

By Far 的瑞秋包（Rachel）

流浪包

　　流浪包，包如其名，轻松自在的设计体现了自由奔放、随心所欲的生活方式。包身的结构松弛软塌，更适合柔软的面料，让流浪包整体呈现休闲感。包身有一条背带，可以轻松地挎在肩上，非常适合外出旅行。

流浪包代表包款

古驰的贾姬包

蔻驰的 Hadley

葆蝶家的 BV Jodie

翻盖上有图案的皮革斜挎包

有双拉链和撞色提手细节的旅行包

斜挎包

斜挎包是日常生活中的完美选择，可以舒适地背在身上，解放双手，翻盖可以方便取放物品，也保证了物品安全。从只能容下钱包、手机、钥匙和化妆品等物品的尺寸较小的马鞍包或饭盒包，到有更多用途的中型尺寸信使包，斜挎包有非常多的款式和尺寸可供选择。

斜挎包代表包款
蔻驰的彩虹小圆包（Rainbow Circle）
罗意威的 Gate
巴黎世家的相机包（Camera）
纪梵希的 GV3
巴宝莉的 TB

旅行包

旅行包像是大号的托特包，底部较宽，通常由皮革或轻型材料制成。这种包有很多不同款式，如桶包、保龄球包或经典的长方形包。旅行包时尚又便携，能完美应对人们周末旅行需求的增长，已经取代了传统硬质的旅行箱和手提箱。

旅行包代表包款
普拉达的保龄球包
古驰的双 G 压花手提包
路易威登的 Speedy 35

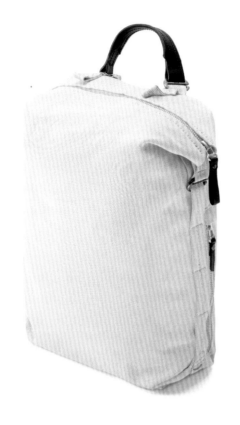

用 Bananatex 面料制成的 Qwstion 背包

剑桥包公司和川久保玲联名款皮革剑桥包，有一对扣袢和肩带

双肩背包

双肩背包作为功能性背包，其历史可追溯到 1910 年。包上有两条背带，可以背在背上，也可以挎在肩上；包身外侧有小侧袋，可以方便拿取物品。双肩背包除了是运动和户外活动的好伴侣外，还能满足通勤、健身和旅行等需求。

双肩背包多由皮革、帆布和尼龙制成。在 20 世纪 80 年代，双肩背包被普拉达重新定义为奢侈品包款，后来逐渐成为箱包系列里的保留款式，完美适配城市人群的使用场景。

双肩背包代表包款

普拉达

翻盖挎包

经典的皮革翻盖挎包让人联想到一百多年前，英国学童们用来装书本的功能性棕色皮革包。这种无衬里的皮包，包后身延伸出向前的翻盖，上面的金属扣可以扣在包身前侧的口袋上。有些翻盖挎包有双肩背带，就可以像双肩背包那样背在身上。2008 年，剑桥包公司（The Cambridge Satchel Co.）对这种不起眼的包款进行了时尚改造。永不过时的设计，全手工制造，颜色鲜艳多样成为剑桥包的标签。品牌还在之后与川久保玲（Comme des Garçons）进行了合作。

翻盖挎包代表包款

剑桥包公司和川久保玲联名款

男 包

20 世纪末之后，
西方男性从百余年的西装束缚中解放出来，
工作和生活中的穿着逐渐休闲化，
男士们也开始更关注外表，
自然而然地对箱包配饰产生了更多兴趣。

传统的男士配饰，源自饰有姓名字母组合图案的昂贵物品，如口袋巾、袖扣、实用的公文包或者行李箱。这些奢侈品不是人人皆有，所以在某种程度上造成了人们的误解，认为箱包主要是女性用品。但随着科技的兴起，男性和女性一样，也需要携带很多东西出门。这时，包袋除了解决携带物品的实际问题外，还给了人们一个畅快表达自我的机会。

邮差包是最受欢迎的男士包款，带动了市场的大幅增长。包身可以容纳笔记本电脑和大量小物件，如钱包、钥匙包和眼镜盒等。

科技的发展带动了配饰分类的新趋势，表带和书桌配件作为连接时尚设计和室内设计的桥梁，显得越发重要。围绕科技产品的衍生品，尽管体量小到只能装进口袋，不能像宣言包那样有影响力，但比起大件商品却更实惠，这也为时尚品牌的营销推广提供了一个好的切入点。

很多男士包款和女士的相同，如托特包、信使包和双肩背包，但旅行包更具运动风格，经常出现在男士系列中。旅行包一般有粗提手，还有专门为足球鞋和健身用品设计的口袋，这种包也是短途旅行的完美选择。文件袋和公文包是传统的男士箱包配饰，现在已经被重新设计，更适应现代城市生活，包身使用相对轻巧的材料，如轻型尼龙和帆布。与女式包袋相比，男士箱包最明显的区别是包身比例和尺寸都更大，包括扣袢、开合和拉链等五金配件，且多用油蜡布、尼龙和帆布等功能性轻质材料。因为男士倾向于买更少的包，所以在一些细节方面，如在包的受力点加强缝合，也更能体现出男包注重功能实用性的特点。

模特背着迪奥标志性的马鞍包

在色彩方面，男包也从曾经的黑色或棕色，加入了更多新色彩，如保罗·史密斯（Paul Smith）、玛百莉（Mulberry）和巴宝莉（Burberry）的产品。皮原色、灰色、深蓝色、绿色和勃艮第色，已成为男包的新主打色，还有红色、橙色和柑橘黄色等重点色。一些男包由女包改良而来，并在细节上进行了男性化处理，如迪奥标志性的马鞍包和罗威的拼图包。还有些款式变成了男女皆可用，如爱马仕的铂金包已经模糊了性别界限。

男人和女人一样，都喜欢既实用又能凸显个性的日常包袋。

WANT Les Essentiels 的托特包

玛百莉有皮革提手的尼龙拉链周末旅行包

托特包

托特包能适应多种使用场景，在男女用户中都很受欢迎。男款包尺寸通常比女款的更大，用皮革、尼龙或工装牛仔布制成，可以在非正式场合中代替公文包。托特包良好的内部空间分割更方便取放物品，有的包还配有可拆卸的肩带。

男士托特包代表包款
古驰
WANT Les Essentiels
保罗·史密斯
D 二次方（Dsquared2）的印花牛仔布手提包

旅行包

旅行包是内部空间宽敞的男士手提包，集旅行箱和背包的属性于一身，是商务出差和周末短途旅行的完美选择。包上有提手可供手提或肩背，有的包还有可拆卸的肩带。双头拉链更便于物品取用，两侧的勾扣打开后可以释放出更多空间，柔软的材料可以折叠，这些实用的特点都让包袋有良好的功能性，更适合现代人的生活。

旅行包代表包款
玛百莉的拉链旅行包
路易威登的背带帆布旅行包（Canvas keepall Bandoulière）
Troubadour 的旅行包
可汗（Cole Haan）的 Grand Ambition 旅行包

巴伯尔的邮差包

有提手和拉链的尼龙双肩背包

邮差包

邮差包是实用性很强的包款，其设计起始于 20 世纪 50 年代的德马蒂尼（DeMartini）全球帆布公司。这款包非常适合经常需要外出活动的人，包能斜挎在身上，解放双手，是忙碌职场人士的好选择。通常，斜挎包的款式根据特定功能而设，如相机包或城市骑行包。男款邮差包比女款包尺寸更大，更坚固耐用，内部有隔层和保护性衬垫，可以轻松容纳笔记本电脑，外部有翻盖和拉链开合，保护包内物品的安全。

邮差包代表包款
罗意威的拼图包（Puzzle）
巴宝莉的 Nova Check
巴伯尔（Barbour）的皮革邮差包（Mailbag）

双肩背包

双肩背包这种曾经平价的包款，被普拉达赋予了奢华定义。男女同款的双肩背包，已成为现代箱包系列中的主打款式。这款包可以背在背上，使重量分布均匀，解放双手，也可以单肩背负，适应城市和乡村各种使用场景。可调节的软垫双肩带和实用的外部口袋，让双肩包既实用又时尚。

双肩背包代表包款
普拉达的 Master Piece
依斯柏（Eastpak）
和行（Herschel Supply Co.）
桑德奎斯特（Sandqvist）

软质双提手皮革文件包

有铜质翻盖扣和顶部提手的皮质公文包

文件包

文件包是传统公文包的现代替代品，一般为手持款式，兼具时尚和商务，但又不失正式。包身可容纳一个平板电脑或小型笔记本电脑，重要文件也可以合理地被放置在内部隔层中。拉链开合以及包内为电子产品设置的保护软垫，使文件包更加安全可靠。这款包在男士系列中很受欢迎，但有时也会出现在女士系列中。

文件包代表包款

斯迈森（Smythson）

汤姆·福特

Common Projects

川久保玲

公文包

传统的手提式公文包，可能会让人联想到穿着灰色套装的会计师和银行人。笨重的身量和死板的内部结构，已经无法满足现代人携带移动设备的需求。如今的公文包焕然一新，使用更柔软的皮革和流线型的轮廓，坚固的提手和拉链或锁扣开合，让包保留了正式感。

公文包代表包款

登喜路（Dunhill）

斯迈森

葆蝶家

无性别箱包

包容性是新的社会准则，时尚也必须融入其中。

布拉德利·米勒（Bradley Miller），网红和活动家

随着社交媒体的力量不断壮大，人们对性别的态度也越来越开放。无论是小众还是主流品牌，都开始将性别中立或无性别产品视为常态。时尚界正以一种新的叙事方式来探索性别问题，超越了"雌雄同体"和"中性"等术语。

为了重新构建人们对服装、配饰和鞋类产品的性别理解，一些有影响力的品牌，如古驰、路易威登、马吉拉和汤姆布朗，以及价格亲民的 H&M，都在关于性别的讨论中各显身手，为减少着装性别歧视采取积极行动，致力于将自身定位与不再将性别视为决定性因素的世代相关联。这些举措也反映了行业趋势，即更多消费者希望品牌能满足人们对社会包容性和公义感的期待。

T台模特也打破了传统男女性别的刻板印象，有了更多更有代表性的选择。香水和化妆品也纷纷推出无性别产品。因为不按性别划分产品的设计师品牌越来越多，全球时尚贸易展也增加了无性别分类。

虽然未来的箱包可能不能实现完全的无性别化，但一些设计师正在尝试用不同的方式来设计无性别产品。例如，他们可能遵循传统的设计方法来设计产品，但同时也会设想这件产品如何能让任何

人都购买和使用。男友包、牛仔裤或夹克衫，就是男装女穿的典型案例。最近，"铂金男孩"成了网络热词，男人拿着爱马仕、迪奥、芬迪或香奈尔这些传统意义上的女包也不再是什么稀奇事。

里斯·摩根（Reece Morgan）和爱马仕、香奈尔包袋

34

行李箱

陈旧的设计和过重的体量，
让传统的硬质行李箱和公文箱不再适应现代社会的出行方式，
已经被时代淘汰。
如今，各品牌纷纷推出结构优化且面料柔软的行李箱包供消费者选择。
软质行李箱有更多的储物空间，
拉链夹层还能扩展体积，装载更多物品。
但与坚固的硬质行李箱相比，软质行李箱的保护力不足。
一般来说，软质行李箱比较轻，但若使用耐用材料，
例如碳纤维，在不增加重量的情况下能提供更坚固的结构。
最受欢迎的行李箱是带轮子的，可以轻松地拉着走。

行李箱代表包款
Away 的行李箱
新秀丽（Samsonite）
凯浦林（Kipling）
雪人（Yeti）

带轮子的硬质行李箱

以往的中性包，多少给人寡淡、过时的刻板印象，但特尔法（Telfar）等品牌的出现，让人们看到了其对性别中立产品的全新阐释。印着"不单为你，而为所有人"的单肩包，让特尔法一夜走红。汤姆·布朗的运动款黑色尼龙小包可以戴在脖子上，不仅顺应了微配饰的趋势，也满足了人们对性别中立产品的需求。

设计师特尔法·克莱门斯（Telfar Clemens，生于1985年）将他的品牌描述为"平权、民主，四海皆准"。中性包基本款由100%的素皮制成，包身有特尔法的TC logo的起鼓压花，包体有三种尺寸，均配有提手和肩带，是兼具正式感和实用性的完美

选择。在社交媒体时代，特尔法已经超越了单纯的箱包品牌，成为时尚领域中"无性别、民主和变革"的代名词。

有些产品，如漫游家（Globe-Trotter）的豪华旅行箱，一直是无性别产品的代表，凭借其良好的功能性，受到男女消费者的青睐。漫游家品牌至今仍传承着传统制造工艺。该品牌简约时尚，一直是现代旅行箱中的经典，并随着时代前进而不断革新。由于一系列联名款式的爆火，特别是与保罗·史密斯和蒂芙尼公司的合作，漫游家旅行箱也深受更不拘一格的年轻消费者喜爱。

马克·雅可布和香奈尔绗缝包

特尔法购物袋

漫游家与保罗·史密斯联名款

漫游家的天蓝色行李箱

2
Creative
Design
Process
创意设计过程

创意设计是一段寻找灵感和启迪思维的旅程，秩序感、好奇心、决断力和匠心独运，缺一不可。尽管时尚市场的层级、产品档位区间，以及不同产品类型所涉及的具体设计和制造方式不尽相同，但就整体来说，设计过程是基本相同的，并遵循了有明确起止点的设计逻辑。这些过程任务相互关联，形成了连续完整的设计闭环。

在大公司里，设计师在设计过程中有明确的责任分工，依据不同分工设置若干个部门。在规模较小的企业或设计工作室中，由于人员较少，一个设计师可能会参与设计过程的方方面面。创意设计是团队任务，设计师在创造产品的同时，要与其他专业人士合作，有时需要折中方案来达成共识，进而创造出最好的产品。

设计周期

设计周期起始于调研和分析，进而生成概念，
再由概念生成设计创意，并形成项目企划。
这些设计创意被凝练之后，推导出与项目企划相符的单个产品，
有相同类型特征的单个产品集合生成产品系列。
最后，对这些系列进行评估，评估结果将指导下一个设计周期。

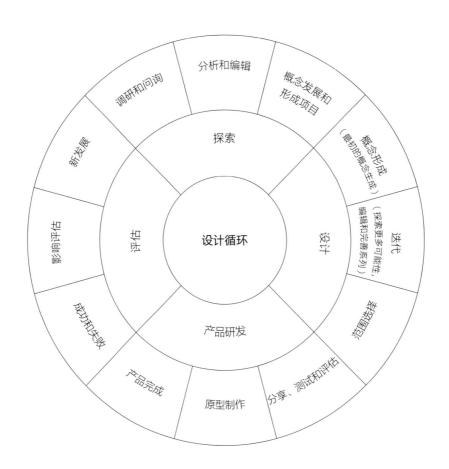

通过设计周期，设计师可以逐渐形成个人风格以及有辨识度的设计语言。随着实践和经验的积累，这个过程会变得越来越得心应手，新系列的设计语言也会日趋稳定。

每个新系列都将从一个概念出发，概念的起点可能是一件古董、一张老照片、一本书或一部电影。但无论作为起点的灵感是什么，它都必须是一个经得起调研，也能让人从中获取很多点子的根基。

项目企划

设计过程始于一份为项目设定所有参数的项目企划。
企划列出关于最终成果的明确需求，
一般由客户或设计师提供。
例如，项目企划通常包括一个系列中产品的数量、
类型、技术、材料、
目标受众或消费者，以及预算和时间表。

项目企划应是灵活开放的。带有试验性的设计过程，是探寻新的设计和制造方法的关键所在。这种试验性过程，有时会围绕着传统工艺的复兴或新技术的应用，抑或是两者的结合。

一旦确定了项目企划，设计师就要开展调研，并对调研结果做出有创造性的反馈。反馈不应局限于了解某个品牌的外观和功能，还有品牌的文化背景，以及其与竞品的关系。对所有层次市场的纵观统揽——奢侈品、设计师品牌、高街或小众品牌——有助于与特定的消费群体产生连接，以确定消费者对每个市场层次的需求。了解特定受众或消费群体的需求，可以确保产品投其所好，并更好地传达品牌价值观。

设计师需要了解产品制作的技术细节和制造成本，以及如何通过所用材料、设计细节、工艺和传统手工艺，来满足当代消费者的需求。项目企划中

各个时间节点和最终期限的设定也十分重要，要留出足够的时间对方案各环节进行反馈和对产品的最终微调。确保重要时间节点的产出，以满足供应链（涉及产品生产和分销的一系列过程）的需求，并确保每一季产品的生产和销售。

可持续设计，作为最新的设计理念，对于设计师们重新思考产品生命周期（产品从开发到衰退和消失所经历的阶段），以及慢时尚和产品伦理等方面的问题，是非常重要的。

慢时尚，是在充分思考所用资源和制作过程的基础上，通过减少生产数量，提升产品质量，来遏制过度生产和过度消费的新时尚方式。

产品伦理和社会公义，聚焦在产品如何生产以及在什么条件下生产的问题，目的是减少在生产过程中的剥削，增加产品的可持续性。

案例分析：丝黛拉·麦卡特尼（Stella McCartney）

关于品牌

丝黛拉·麦卡特尼于 1971 年出生于伦敦，父亲是摇滚传奇人物保罗·麦卡特尼（Paul McCartney），母亲是摄影师兼动物权益运动者琳达·麦卡特尼（Linda McCartney）。她在中央圣马丁学院学习时装设计，并于 1995 年毕业，很快就在业界站稳脚跟。到 1997 年，她被任命为巴黎蔻依（Chloé）的创意总监，并为该品牌声望和商业成功立下了汗马功劳。

2001 年，丝黛拉·麦卡特尼推出了她个人的时尚品牌，开始了与法国奢侈品集团开云（Kering）长达 17 年的合作，创建了世界上第一个环保奢侈品牌。

品牌价值

在职业生涯中，丝黛拉·麦卡特尼一直倡导环保主义、可持续发展、动物权益和社会公义，始终践行其品牌价值观；在产品中，她从不使用皮革、羽毛、毛皮或动物产品；在商业活动中，她遵循联合国商业和人权指导原则（关于企业商业道德与人权的全球标准），并充分应用于实践。

丝黛拉·麦卡特尼品牌在材料采购、生产制造、供应链、合作伙伴以及合作方式上不断创新，一直秉承可持续发展和践行社会公义的承诺，并始终努力打造更加公平和可持续的时尚体系。品牌的成功合作案例包括与阿迪达斯、H&M 和艾伦·麦克阿瑟（Ellen MacArthur）基金会的合作。

丝黛拉·麦卡特尼承认，在不使用传统材料的情况下进行设计是十分困难的，但她已经成功找到了有效替代品。手袋和配饰使用附有植物纤维涂层的有机合成纤维，如 ECONYL®（由回收的渔网制成），以及回收塑料，都是生态友好型材料。2009 年，丝黛拉·麦卡特尼开发了一款奢侈品箱包，即标志性的法拉贝拉包（Falabella，见第 105 页），创造了一战成名的植物皮时尚包。

可持续发展

2015 年，该品牌公布了第一份全球环境损益表，在三年的时间里，其所用材料对环境的总体影响减少了 35%，同时品牌取得了自成立以来的最佳商业表现，证明了商业盈利和可持续发展可以两全其美。

丝黛拉·麦卡特尼的可持续发展倡议引起了开云集团（开云集团拥有古驰、葆蝶家和亚历山大·麦昆等众多知名时尚品牌）的注意。开云持续推动可持续时尚发展，展现了时尚行业坚持可持续理念的决心。2021 年，在媒体和投资公司企业爵士（Corporate Knights）编制的全球 100 环境指数中，开云集团被列为世界前十名最佳可持续公司。

丝黛拉·麦卡特尼从不放过每一个可以展示品牌价值的机会，包括广告宣传。2017 年秋冬，品牌与瑞士艺术家和摄影师乌尔斯·费舍尔（Urs Fischer，生于 1973 年）合作拍摄广告，以苏格兰的

丝黛拉·麦卡特尼的 *Frayme Mylo*™

一个垃圾填埋场为背景拍摄，探索废弃物和消费之间的关系。

2019 年，丝黛拉·麦卡特尼与 LVMH 集团达成合作，进一步发展品牌，并担任 LVMH 执行委员会的可持续性特别顾问。2021 年，LVMH 宣布计划在法国的萨克雷建立研究中心，将致力于减碳节能，研究可持续生产、新材料、创新生物技术和数字技术，并应用于实践。

丝黛拉·麦卡特尼一直为动物权益发声，强调减少动物制品对环境和未来时尚产业发展的影响。

2021 年，其女装系列 80% 由可持续材料制成，包括森林友好型粘胶纤维，KOBA® 人造毛皮，更环保的榉木，以及再利用织物。该系列名为"我们的时代已经到来"，演绎了动物在伦敦城市中野化的场景，以轻松的方式表达了严肃话题，即在全球范围内结束动物毛皮贸易。该系列还包括最大号的法拉贝拉包，以及 Frayme 马鞍包，其手柄由粗大的金色和银色的链条构成。2022 年，Frayme Mylo 成为第一款以菌丝体制造的商业款手袋。

调　研

创意设计始于调研。通过调研，
既能获得灵感以产生原创性的想法，
又能了解制造产品所需的相关技术知识。
设计师通过调研和对技术工艺的理解，
可以将产品从一个 2D 的想法转变为 3D 的产品。

调研需要具备出色的信息检索能力。现如今，互联网和社交媒体让信息获取变得十分容易，设计师需要通过精准过滤信息，层层筛选，用初筛出的有效信息生成创意概念。一旦概念确定，更深入的调研会促成更具体的设计点，包括寻找合适的材料、五金、装饰物等，以及掌握客户、市场和设计语境。

调研的深度和广度是产品设计能否成功的关键，所以，调研不应局限于某个特定学科，而应兼收并蓄，探索在不同的历史与文化中，不同的箱包配饰款式、装饰物、箱包功能以及背负携带方式。很多设计师钟情于某些特定的历史时期，或经常重复某一调研主题，这都有助于强化设计师的个人风格和设计语言。

分析和编辑也是调研所需的重要技能，能够确保最重要和最有分量的信息不被遗漏。当集齐所有调研信息后，就可以根据调研主题分门别类，包括灵感、消费者、市场、工艺和设计语境。在进行这些方向的调研时，时间成本是重要的考量因素之一。如果某种特定的材料或工艺没有合适的颜色或价格，或者不能在合适的时间生产，就会对产品的设计制造进程产生影响。此时，调研可能需要对概念生成和产品生产方案重新进行调整。

良好的分析和编辑能力，能让设计师做出更有创新性的方案。设计师需要：能够充分理解个人和公司品牌项目企划的需求，有广博的知识储备，对社会文化、经济、伦理方面有所考量，以及对新兴科技有敏感度。成熟的小众品牌也不可忽视，其品牌价值观、规模大小和社交媒体活跃度，都可能对流行趋势产生影响。

视觉调研

设计是一门视觉科学。有关视觉方面的调研，可以激发灵感、生成概念和解决问题。各类视觉影像资料有助于设计师从不同视角去发现、理解和分析日益视觉化的全球文化。同时，视觉影像也让设计师在更广泛的时代背景下，通过图像来交流知识、经验和想法，这是仅用文字所无法达到的。

视觉调研是创作过程的一部分，设计师通过收集绘画、照片和视频等视觉资料，来划定个人感兴趣的范围。不同类型的视觉调研源自不同的信息收集渠道，渠道主要分为一手调研和二手调研。一手调研，是收集前人没有收集过的原始资料，一般为调研者自行创作的照片、绘画，或者一些其他物品。二手调研，是从现有资料中进行信息收集，如报纸、杂志、书籍、期刊和线上资源。

为了顺利地生成创意，并理解设计所在的语境，设计师需要同时进行一手调研和二手调研。在进行调研时，会有一些直接的信息来源，如博物馆、画廊和图书馆，参观特展和档案室也是很好的信息收集方式。尽管这些方式可能会花费很多时间，但却是非常值得的。当地的跳蚤市场、古董店和军用物资商店也可作为调研来源，在那里可以找到不少孤品和一次性用品。基于实物的调研是非常必要的，比起 2D 的数字影像，3D 物体能更直观地被"审视"。

任何人都可以轻松获取海量的线上资源，但需要确认其真实性和可信度。线上资源为人们创建了更广阔的全球视野。通过网络调研，可以找到很多在线下画廊中展示的实物作品，以及一些特定艺术家的艺术作品。视觉调研应该不间断地持续进行，过程中可能随时会迸发灵感，从而形成即时的项目企划或未来的项目企划。调研记录应科学严谨，用速写本或数字方式记录下来。

影像信息都有一些深层含义（几个层面的含义），在时尚领域也不例外。为了更好地理解二手调研视觉影像背后的含意，或它们对现有图像和事物的参考意义，如何解析图像就十分关键。关于如

时尚图片是视觉调研中的二手资源

何解析图像，可以参考以下问题：

- 图像是什么？
- 其内容是什么？
- 谁创造了它？
- 它是什么时候和为什么制作的？
- 你如何解读它？
- 你会用它做什么？

以上问题也可以用来生成一手调研的视觉资料，并赋予它们意义，这样视觉资料就可以在多个层面上被解释。

工艺技术调研

工艺技术方面的一手调研，可以进行产品解

流行趋势预报杂志《View》

构和对 3D 产品进行测试。二手调研，可以进行传统手工艺再创新、技术专家采访，或对竞争对手的品牌进行调研。对产品如何操作使用，以及对产品的人体工学（产品在身体上所处位置或产品特定的功能表现）进行调研都是十分必要的。厘清产品制造所需的要素和过程，有助于完善设计师的工艺技术知识体系。即使没有十分熟练地掌握所有工艺技术，详细的技术调研也至少能让设计师知道，在设计和制造产品时，如何以及何时能最有效地使用这些技术。工艺技术调研应通过文字笔记、分步骤的照片或视频片段，被详尽地记录下来。

消费者和市场调研

现如今，按照性别和年龄划分消费行为变得越来越难了。随着传统性别界定的瓦解，严格的男性或女性产品分类，已经让位于新的分类方式，即更符合消费群体个性或特殊兴趣，例如可持续的、符合新伦理取向的，或有某种功能性的产品。

在此大趋势下，设计师必须了解特定消费者或群体的生活方式及个性需求，以便在产品中有所体现。例如，使用轻质或智能材料制作功能性、运动性和运动休闲风格的产品（用于运动及日常穿着的舒适服装配饰产品），以满足消费者健身和自我关爱的消费需求。智能材料也根据不同的设计需求，被设计成更轻、更暖，或是带有电脉冲刺激的服装配饰。由于便宜又便携的科技产品迅速普及，智能服饰配件应运而生，让工作、居家和休闲生活之间的界限不再分明。

聚焦某些消费群体，可以调研收集到品牌主体消费者的信息。调查问卷或在社交媒体平台上的在线调查，可用于对市场信息的调研。以上的一手调研资料，可与二手调研资料（例如关于消费者行为和市场趋势的公开报告）综合运用，来设计特定的箱包配饰。

店铺调研，无论是线上店还是实体店，都有助于分析和评估竞品品牌。调研内容包括：竞品靠什么吸引消费者，品牌有什么创新设计和联名合作，以及竞品与什么特定社会议题保持一致性。

趋势调研

消费者行为一直都在变化。设计师需要充分理解现行趋势，以及可能出现的趋势。进行趋势调研，就可以对现有设计的成因进行分析，以及对未来方向进行预判。在设计师做趋势调研时，一个很重要的部分就是观察人群：他们穿什么，买什么，在哪里购物。这有助于建立不同类型的消费者画像，理解人们从头到脚穿搭方式的成因，并据此思考如何加强服装与箱包配饰的适配度。观察人群也有助于发现新的趋势和服饰风格。

对当代文化的理解应优先于某个特定领域，所以调研不应局限于主流或小众的时尚配饰品牌，而应建立鞋品、服装、室内设计、电影、产品设计、音乐和文学等新趋势的知识体系。一些在线趋势网站可供参考，如 WGSN，在此网站上可以找到有关全球各类趋势的丰富资源，是很有用的新趋势纵览途径。但是，以上所提到的只是宽泛且易得的信息，设计师在使用这些信息时，应结合个人的调研和理解。

概念生成

调研完成后，经过对资料的整理和编辑，就形成了设计概念。
概念必须是原创的，
且根据这一概念所生成的产品系列也必须是值得进行生产制作的。
现代设计不能只注重新奇创意，
必须要考虑产品的可持续性及对环境的影响。
设计师需要查验设计概念的价值，
以及设计是否会增加过度消费和对环境的负担。

回答以下问题，帮助你定义设计概念：

● 概念里的主题是什么？

● 你的品牌立足于什么，其价值是什么？

● 谁是你的受众和消费者？

● 是什么形成了你的审美？

● 你的品牌是为某一特定功能服务的吗？

● 你是如何考虑产品生命周期的？产品如何能可持续地进行生产或进行废物回收？

● 你的目标市场定位和价格范围是什么？

制作思维导图有助于回答这些问题，并能将概念进行足够深入的研究，以确保整个产品系列有完备的概念支撑。

文化、历史和抽象的想法，都可以作为概念的来源。概念需要能吸引特定的消费者和受众。但要注意的是，概念和品牌价值要区分开。品牌价值是保持不变的。例如，丝黛拉·麦卡特尼（见第42~43页）的品牌价值观是承诺坚持可持续设计，但她的概念每一季都在变化。设计概念可能来自个人感兴趣的领域，也可能来自想要解决某个特定问题的愿望，比如零废料生产，或者来自客户和雇主设定的项目企划。无论概念从何而来，项目企划中都要有一些限制，以确保最终交付的结果是符合预设的。最终结果涉及材料和工艺技术的使用，成本或市场层级，但这些都需要在创意上有细微差别。越来越多的品牌都在尝试与更多的创意设计师合作，他们可能会重新诠释品牌的特定元素，并将其作为整个新系列背后的驱动主题。

设计发展

对调研信息的总结，
能够形成系列产品的创意概念以及生成最初始的设计想法，
这是设计发展的开端。
接着编辑和发展初始的设计想法，进而形成产品设计。

情绪板

情绪板，是将调研成果经过编辑总结，对构成设计概念的所有元素做一个视觉版的摘要。情绪板呈现了产品的个性态度和具体设计元素，定义了灵感、色彩板（整个系列所使用的全部颜色）、材料、五金、Logo 和其他装饰品，还包括消费者或目标受众，甚至是对消费者的生活方式提出建议。通过图片之间的蒙太奇（拼贴），情绪板作为完整的视觉呈现，让设计团队、客户或营销人员能够充分理解系列产品背后的概念和设计意图。

情绪板可以采用实体或数字形式来呈现。如今数字形式的情绪板越来越普及，方便设计团队成员之间彼此分享。实物形式的情绪板可能会占满一整面墙，团队成员都可以参与情绪板的制作。实体的情绪板上，可以贴上材料小样和五金，而数字情绪板则依赖于扫描 2D 图像来创建信息。切记，不是所有图片都是重点，要考虑图片的数量、尺寸、位置和重要程度，来创造出能突出重点的叙事场景。

数量适当的图片能够有效传达情绪板上的设计概念，不需要额外的视觉元素。好的情绪板能清晰

表达设计意图、标志性廓形、工艺技术、巾场背景和消费者等要素。经过精心设计的情绪板还包含与概念相关的关键词，或消费者画像。但本质上，情绪板是整个产品系列的感官视觉表达。

「夏天记忆」时尚情绪板

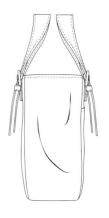

包正面、3/4 面和侧面

创意点生成

调研能够生成概念，概念再生成创意点。创意点最初通过头脑风暴产生，用多张速写纸画出一定数量的线稿小图。画图，是将调研资料转化为可用创意点的重要途径。速写本或者单张的纸页都可以记录创意点。一定数量的单张纸页可以同时在大桌子上摊开，方便查看，而速写本可以展示整个创意点逐步生成的过程，包括颜色、廓形、质地、装饰物、产品结构和五金。速写本就像是一个资料库，设计师可以一直往里面添加调研资料和创意点。同时，它也是一个持续的灵感库，将创意点准确地记录在册是非常重要的。某个创意点可能不会被纳入当前设计的系列，但也许会在未来的系列中被重新提及。

材料，也是设计过程中要考虑的因素，要看材料是否具备适配于设计或工艺的特殊属性。在时尚箱包设计初期，产品对环境的影响，五金件的使用，以及品牌营销的设计理念，都是需要考虑的。

积累了一定数量的线稿小图后，需要进行筛选，最有落地性的创意点才能进入下一阶段。每个设计阶段中，图稿都会越来越精细。一些设计可能需要不同角度的图稿和局部细节的放大图进行详释。因为包是一个三维物体，有正面、侧面、顶面、底面、背面和内部细节。

在画图时，设计师需要考虑以下三件事：如何建立时尚箱包的体积，以便更好地盛放物品；包的开合方式，如何保证安全且物品不会掉出来；包的背负方式——单肩背、手提、斜挎或双肩背。

产品的实物原型也有助于解决图稿和产品小样之间的 2D-3D 转化问题，对绘制成品效果图也很有帮助。

这一阶段，为了清晰地表达设计点，可以用线稿图或实物效果图呈现。系列产品的数量要有一定规模，款式也要囊括更多种类，如要有托特包、斜挎包和双肩背包。通过大量的过程设计草图，探索可能的款式组合方式、数量规模和细节，然后选定

一些包作为系列的重点产品。

除了包袋以外，小皮具，如钱包、皮夹、卡套、眼镜盒和钥匙包（见第 146~149 页），也是产品系列的一部分。在设计过程中，这些小件产品也需要与大件箱包产品一样，经过仔细设计，因为小皮具通常是消费者开始接触品牌的第一步。

演示文档、产品系列计划和工艺文件包

分析和编辑能力是推进设计周期的核心能力，分析哪些设计有足够的创意点且最激动人心，才能继续向下发展。此时，必须有充足的创意点，才能从中选出合适的设计组成系列。系列产品款式也需要均衡考虑，以满足消费者的需求。要认真地筛选和编辑最终效果图，挑出的效果图将呈现在演示文档上。

情绪板展示的是经过编辑的品牌设计语言，而演示文档则是详尽的系列设计效果图呈现，包括包袋的各个视角，材料小样，装饰品和五金。最终产品效果图是经过渲染或上色的，并配以体现产品情绪感觉的插图，以及用来解释设计的工艺技术图。展示板上的图片需要清晰度高，排版得体，抓人眼球。

大公司有专门的销售团队，会跟踪每个系列或每一季包袋单品的销售情况，并向设计师建议哪个款式在线上或线下卖得更好。销冠款式通常会一直保留，但会用新的材料、色彩或五金进行再设计。设计师和销售团队相辅相成，让产品在创意和商业之间达到平衡。

产品设计效果图被最终选定并做成演示文档后，效果图会被横向排成一排，以便观察这些包袋在人体上的背负效果，以评估不同尺寸包袋在系列中的数量是否平衡。确保系列中有足够的款式来满足最初的项目企划，最终选出若干包袋产品，形成产品系列计划。

产品系列计划包括以下信息：产品款式名称、类型和结构、色彩板、Logo、材料、五金，还有设计的小线稿图，其上标注产品尺寸，每个部件的大小和位置，每个款式的编号，以及批发、零售建议

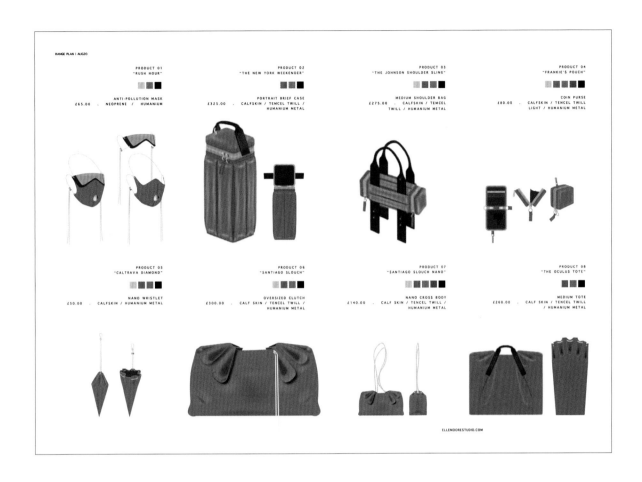

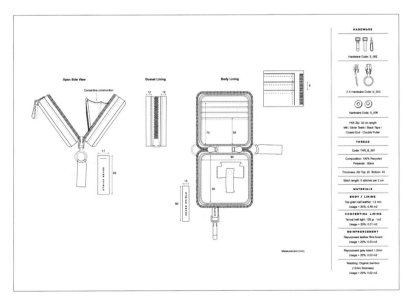

上图：系列图稿

左图：工艺技术图

埃莉诺·摩尔（Elleannor Moore）绘制

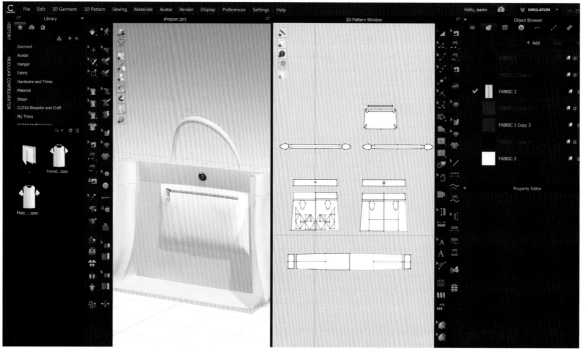

安妮卡·安德森（Annika Andersson）用视觉模拟软件做的包

价格。

产品系列计划完成后，要制作详尽的工艺文件包。工艺文件包对设计师和产品开发人员而言都十分重要，是产品开发人员和工厂对接生产的制造标准。工艺文件包有如下文件：技术图纸、线迹、产品尺寸、每种材料的使用部位（包括重量、表面处理、配色、刺绣和印花）、标签、拉链、缝线、饰边、开合件和装饰品等，以及供应商的详细信息、交货日期和包装信息。工艺文件包可以让不同的制造厂按照统一的标准进行生产。工艺文件包越精确，最终的成品效果就越好。

3D 虚拟原型

一些时尚品牌开始在设计和产品发展过程中使用 3D 虚拟原型。相较于制作工艺文件包，不断更新调整平面图和实物原型，3D 虚拟原型为品牌注入新科技，减少浪费，降低碳足迹，提升成本效益。

3D 虚拟原型为设计师提供了更多的创作自由；3D 建模和材料模拟已经可以使数字虚拟产品和实体产品相差无几。设计师能又快又精确地生成可 360° 观察的虚拟设计，而不需要实际制作出来。当这一科技能够实现从虚拟原型直接转化为实体产品时，设计就能够精确标准地传达给公司内部的所有部门、制造商和零售商。

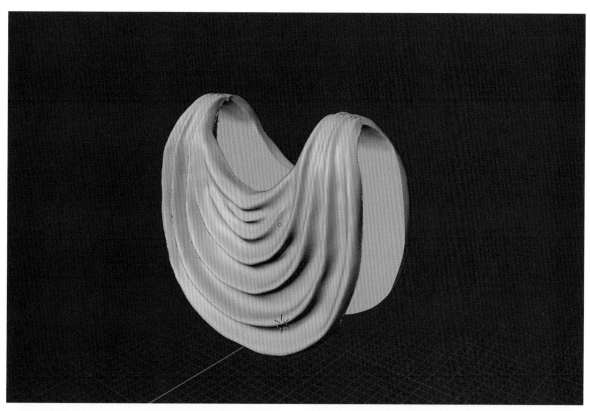

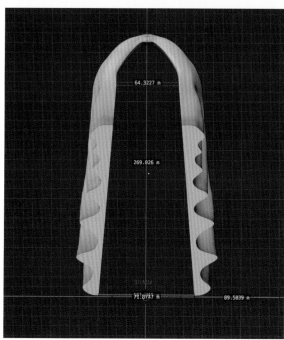

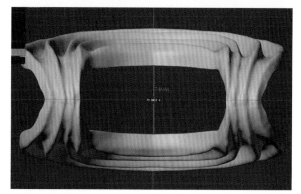

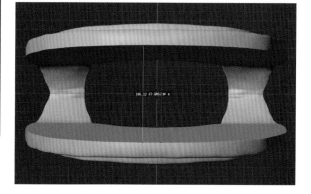

赛丽娜·巴希尔（Serena Bashir）用犀牛（Rhino）软件制作的
虚拟原型

关于设计的深思

消费者逐渐在有意识地关注时尚产品的设计和生产状况，
以及产品在使用寿命结束后会怎样。
设计师要考虑可持续设计和制造，
使产品能够被修复、重新利用或回收；
还要考虑伦理道德和社会公义，
消除产品制造过程中存在的剥削问题。

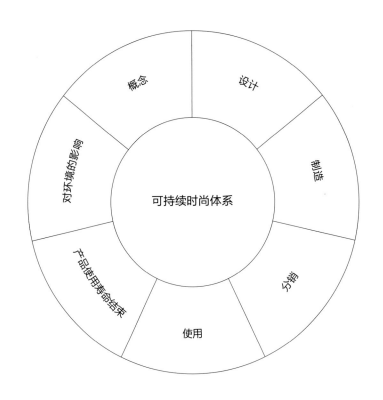

可持续设计

全球环境危机是现今人类面临的共同课题，可持续设计成为探索再生设计的有效途径，其思想也不再是主流设计领域的边缘活动，而是一套完整的产品设计方法，以修复和重新利用为解决方案，从初始调研到产品生命周期结束，全面考量对环境、社会和经济方面的影响，所有设计领域和市场层级都可以从其受益。这不仅顺应了当代人的需求，也为下一代留下绿水青山。

JW Pei 肩包使用素皮和 100% 塑料回收材料里衬

可持续设计方法众多。例如，使用更环保的材料，继承和创新传统手工艺，为解决特定问题进行以人为本的设计，或拆解设计——让产品在使用寿命结束后更易拆解，以便回收再利用。设计师可以根据需要，在创作过程中选择适合的方法。

认真选择更适合的设计方案，让可持续设计在环境和经济效益之间找到平衡点，还能给未来设计概念提供参考范例。对时尚箱包配饰来说，一些材料在生产过程中对环境造成很大影响，如皮革鞣制（见第 98 页）和牛仔布等材料的生产需要消耗大量水资源。但这些情况也正在逐步改善中。

产品能否回收利用，也是设计过程中需要考量的重要因素之一。大多数包袋都由几种不同的材料制成，通过最大限度地减少胶水使用，以及改变材料和五金的组合方式，让产品实现可回收，减少对环境的影响。

设计师应在设计时考量整个产品的生命周期，以及产品在使用寿命结束后如何处理。以下问题将有助于思考：

- 设计的目的是什么？
- 设计的使用寿命是多久？
- 产品的组件可以更换或维修吗？
- 产品材料可以进行生物降解、回收或可再生吗？
- 在制造产品时如何降低对环境的影响？

可持续设计发展方兴未艾，需要进行具体深入的研究，发展创新的可持续设计解决方案，以全方位构建具有创新机制和干预标准的设计新图景。

品牌辨识度

品牌识别对于每一个时尚品牌来说都是头等大事。通过产品，品牌不断追求更简单易懂且输出稳

阿迪达斯最有辨识度的三线设计

Logo，还有定制的五金件，如吊饰、名牌和一些细节，来传达其历史和文化价值。

季节性

在设计师的项目企划中，季节性可能不是品牌重点考量的因素，尤其对一些当代设计师来说，是否按季节划分产品还存有争议。在一年两次的全球贸易展上，上市的产品一般会提前 6 个月展示。传统上，春 / 夏和秋 / 冬系列是以颜色和产品用途来划分的。夏季系列通常为浅色系，冬季系列为深色系。夏季系列产品，如沙滩包和行李箱，用于度假旅行和户外活动。这些包使用较轻的材料，如拉菲草、稻草和尼龙，以及防水材料，同时使用较浅的色调来搭配"度假服装"。还有一些新的产品类别，如功能性运动休闲装备和节日服配，看似有很强的季节性，实际上全年都有供货。毋庸置疑，不同季节有不同类型的包，但其之间的界限越来越模糊，现在更倾向于按照使用场景进行产品分类。

一些设计师品牌，如迈克高仕和汤米·希尔费格（Tommy Hilfiger），拥有很多季节性的产品系列，而其他一些品牌，消费者的诉求是功能性，而非风格、颜色和材料，所以品牌就倾向于生产无季节的产品。"现在就买，现在就穿"的趋势加快了产品上新的速度，更激起了消费者想立刻拥有商品的欲望。虽然对品牌和零售商来说，压缩从 T 台到售卖的时间线是有挑战性的，但却能将购买权放在消费者手中。一些品牌，如巴宝莉，已经开创了即时配送的先河。如此，品牌能够销售更多的产品，所以我们所熟知的季节性产品模式仍将持续发生变化。

定的品牌信息。品牌产品需要有识别性的元素，包括色彩故事、图案、Logo、字体、宣传材料、活动、广告、社交媒体和代言人。为了产出高水平的产品系列，巩固品牌历史传承或为品牌注入新鲜活力，设计师要权衡品牌现有定位与未来发展之间的关系。

在设计过程中，如何让品牌标识和品牌形象清晰易懂地体现在产品上，有很多方法，如芬迪双 F 帆布印花或普拉达的三角标志牌。品牌营销通过

价格区间

单品价格从最高到最低，构成了系列的价格区间，这也是项目企划里的一个重要内容。设计师必须了解时尚包袋的造价，以及微小的设计变化会如何影响造价。产品价格决定产品质量，包括使用的材料和五金质量，设计风格和细节，Logo 的应用，媒体营销方式，代言人类型，甚至是购物体验。

价格也影响着消费预期。售价较高的设计师系列总被寄予厚望，人们希望看到更具革命性的、新的风格出现，这些设计会在日后逐渐下沉到低端市场。然而，情况并非总是如此。限量款的概念起源于高街时尚，但后来被设计师品牌广泛采用。这些品牌在短时间内推出几件产品，之后进行网络宣传，并经常与其他设计师合作。这为限量款产品的销售开拓了一个巨大的第二市场。

2017 年春夏汤米·希尔费格 T 台系列

Spuerme 红色产品系列

色彩

> *"色彩是潜意识的母语"。*
>
> 卡尔·荣格（Carl Jung），精神分析学家

每天，我们都在做色彩搭配的选择。从每个早晨挑选衣服开始，我们就用色彩来表明身份和传递情绪。

随着人情绪的波动，色彩能从潜意识层面表现人的态度。因为色彩通常是人们最先注意到的元素，不同的色彩在不同文化背景下有着不同的含义。例如，红色与愤怒、爱情、野心、危险或好运有关，这取决于所处的文化语境。

当看到撞色时，我们会在视觉上将其混合，混合效果取决于各个颜色的比例。除了色相，色彩比例也是影响视觉效果的重要因素。影响产品外观的还有色彩饱和度。

品牌或设计师选择某种颜色绝非偶然；产品系列色彩板中的每个颜色都经过仔细考量，是品牌传播的重要组成，通过 Logo、包装、广告，还有精心编排的色彩故事，向消费者传递不同的产品情绪，

巴宝莉的经典格纹

以及不同颜色代表的是春夏款还是秋冬款。对于一些品牌来说，色彩非常重要，他们甚至将特定的颜色注册成商标，如路铂廷（Christian Louboutin）鞋底使用的红色，以及蒂芙尼使用的蓝色。

色彩故事通常与一个系列的概念或主题有关，色彩有可能源自图片、照片、绘画，或者一件瓷器、贝壳、纺织品等。特定的季节或地点，也能作为色彩板的灵感。

色彩从灵感来源提取出来后，通过调整比例、色相和色调，以形成色彩板。色彩板中，大面积使用的为基础色，还有一些重点色用来画龙点睛。通常，设计公司会用特定的色彩系统比对色彩板，如潘通色卡，使用这种全球通用的色彩体系来与制造商沟通和适配色彩标准。色彩趋势是由色彩趋势预测者在提前市场 18 个月至 2 年内创造出来的，并为色彩系列命名。一些拥有技术支持，或者产品规模生产量大的企业，会自行开发所需的特殊色彩。这些色彩会顺应色彩趋势，但本质上是企业独有的颜色。

在业内，为了满足消费者的预期，企业会创造有季节性特征的色彩趋势。迈克高仕创造了两个新的附加季节——春 / 夏度假季和早秋季，为客户创造了更多的色彩选择。

用颜色塑造品牌影响力是很划算的方式。设计师需要了解所用颜色在全球各种语境中的含义，为了给色彩增添更多新意，要平衡重点色和暗色调的使用。确定色彩板后，在箱包配饰中要恰到好处地运用色彩，让产品体现系列感。色彩可用来强调某些部件，如内衬、反色缝线、拉链和拉头，以及包的主体。

材料

设计师需要熟悉产品制造涉及的所有不同类型的材料和其性能，以便在设计中选择合适的材料。所有的材料都有其特性，不管是造型硬挺的包，还是触感柔软的包，都有相适宜的材料可供选择。当包袋内盛放物品时，包会变得更重，所以选择材质需要仔细考量，如材料的密度和耐磨性。就算包外皮完好，但里衬磨损了，这个包还是没法用了。另外还有一些表面看不到的材料，比如辅强材料，用来支撑包身或加强包的某些部位。要谨慎选择辅强材料，应充分了解它们与产品主材料复合后的性能如何。

从商贸展上可以获取材料信息，如每年举行两次的品锐至尚面料展（Première Vision）和琳琅珮珂皮革展（Lineapelle），或直接从制革厂和销售商处进行采购。某些品牌已经成为一些特定材料的代名词，如普拉达使用的尼龙，或品牌与制造商和制革厂合作，创造新型材料。皮革是肉类工业的副产品，目前仍是时尚箱包的主要材料。但如今，消费者对于非皮革材料的包袋越来越钟爱，所以在选择材料时，设计师需要考虑材料的可持续性，包括有没有材料可以替代皮革。

皮革使用的基本原则是，要了解所用皮革的尺寸和性能，以及皮革结构和表面处理的独特质感（见第 98~100 页）。现在市面上很多合成材料，对环境的危害都比皮革更大。但还是有很多天然的替代材料也能呈现皮革质感，如由水果、蘑菇、椰子、纸和仙人掌制成的皮革代替品（见 101~111 页）。

五金件

五金件，是包上的功能性金属部件，如用于连接手柄，做包的开合，以及保护包上的某些部分。五金件还可以用来塑造一种强烈的、非常有辨识度的设计语言，这也是箱包设计不可或缺的一部分，通过改变尺寸大小、应用方式和位置，五金件也可

Ecco 品牌的皮革，制造商开创了更好生产方法

以成为包上的美学元素。

箱包是一个三维结构物体，这为设计师提供了一个设计点，即将五金件作为贯穿几个系列，让设计更有整体感的设计元素。五金件为包袋提供了一个能推广品牌的设计点，但原创一个全新造型的五金件成本很高。市面上有很多"现成的"五金件可供使用，但质量、颜色、尺寸和样式可能不能满足需求，而且也有断供的可能。由于创造新五金件的成本很高，所以只有成熟的品牌会自行开发。使用现成五金件的小品牌，应在设计产品前就采购五金件，市售的环、夹、扣、拉链、拉链头和铆钉都有标准尺寸，要适配包上的带子或扣件的尺寸。一个系列中五金件的种类要尽量少，这样相同的五金件就可以在不同产品上多次使用。为了节约成本，可以事先做好 Logo 刻印工具和带有 Logo 的五金件模具，让 Logo 呈现在五金件上。

玛百莉有金色链条和金色扭锁的荔枝皮纹斜挎包

3
Drawing
绘 图

绘图能够创造出一种感官体验，激发创造性思维，探索并解决问题。绘图能让人不断推敲创意的潜在方向、如何执行，以及更多可能性。画得越多，就越能建立信心，越能不假思索地开始画。画的所有东西都要不加修饰地保留下来，可供反复回看。绘图可以通过手工或数字的方式完成。

手绘和电脑绘图

手绘是最快、最有效的记录和实现想法的方式。
比起在电脑或平板电脑屏幕上反复修改，
手绘能更直观地看到一个创意发展的全过程。
手绘能更容易地表现复杂的形状，
是交流想法、实现创意的绝佳方式，
特别是在设计初始阶段。
在概念层面，手绘也能更好地分享和讨论创意点。

数字图像时代，人们很容易认为手绘已经过时了，但在纸上写写画画有着屏幕不能替代的造微入妙，因为手绘产生的细微差异在屏幕上可能并不明显。在屏幕前，我们很容易快速得出最终结果，却错过了随机手绘可能产生的意外收获。对设计师来说，从思维创意到画出想法的过程是非常宝贵的，如果没有这个步骤，可能会因为急于用数字方式完成所有东西，而降低了自己的创意能力。

虽然有些设计师在屏幕前的创造力会降低，但计算机辅助设计（CAD）绘图因其提供了手绘无法替代的一致性，在行业内有着十分重要的地位。起初，直接在电脑屏幕上画图可能很耗时，而且设计师不能像徒手画图那样和画面产生联系。然而，CAD 绘图可以有效地建立设计原型矩阵，使用不同的比例，添加 Logo、颜色和纹理，以模仿真实的设计效果。CAD 绘图可以制作出专业的、易懂的和准确的工艺技术图（见第 70 页），作品集页面模板

（见第 171~180 页），以及产品系列计划（见第 52 页）。

手绘屏，将手绘直接转换为屏幕上的数字图像，实现了自由手绘和 CAD 绘图结合的最佳效果。手绘屏由一个数位屏幕和一支电子笔组成，可以准确地捕捉手部的自然运笔，产生更复杂的形状和更平滑的曲线，是快速直观的绘图工具。手绘屏同时还能兼容其他工业标准的 CAD 软件。

3D 可视化系统，是革命性的图像生成方式，多年来一直是建筑、车辆设计和产品设计的标准操作工具。时尚界的快节奏使行业在吸收新技术方面变得相对缓慢，许多公司仍然使用二维 CAD 图像软件进行手绘和渲染（着色）。但箱包鞋品既是时尚设计，同时也是产品设计，所以在设计和零件制作方面，3D 可视化、建模和原型系统已经被应用于实践。材料的仿真模拟技术也已经非常成熟，并到达了一个临界点，可能会让绘图和渲染发生颠覆性的变化。

设计过程中的绘图

设计过程中有四个阶段涉及绘图：
构思图、过程草图、效果图和工艺技术图。
每个阶段都有不同的绘图形式和不同的绘图工具。
从最初的草图创意到最终的产品渲染图，都是相互关联且循序渐进的。
理解设计各阶段不同图画之间的区别也是很重要的。
不同阶段的图都同时需要使用手绘和 CAD 绘图，
以及逐渐被广泛应用的 3D 可视化软件来完成。

无论是手绘图还是电脑绘图，先确定想要的画图形式，再决定用什么媒介画图。

第一阶段：构思图

构思图，即选择了一个概念后，用小速写草图来快速捕捉想法，并以此为基础，画出大量初稿以服务于方案大纲。大多数设计师在头脑风暴阶段会使用手绘，用炭笔或自动铅笔在速写本上或纸上记录想法。铅笔仿佛是手的延伸，可以很自然地快速捕捉轮廓或结构线条。最初的草图通常只画正面和背面，不带透视。这些图缺乏细节，但有助于确定系列产品的标志性廓形和比例。草图通常使用不同的铅笔或黑色勾线笔绘制，不上颜色。快速草图将生成很多小初稿，可以将这些小初稿排在一张纸上进行审视。手绘是记录灵感迸发的好方式，这些图稿可以在第二阶段进行编辑，并生成更周详的设计。

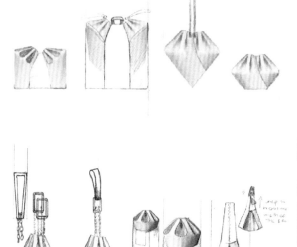

埃莉诺·摩尔（Elleannor Moore）画的小草图

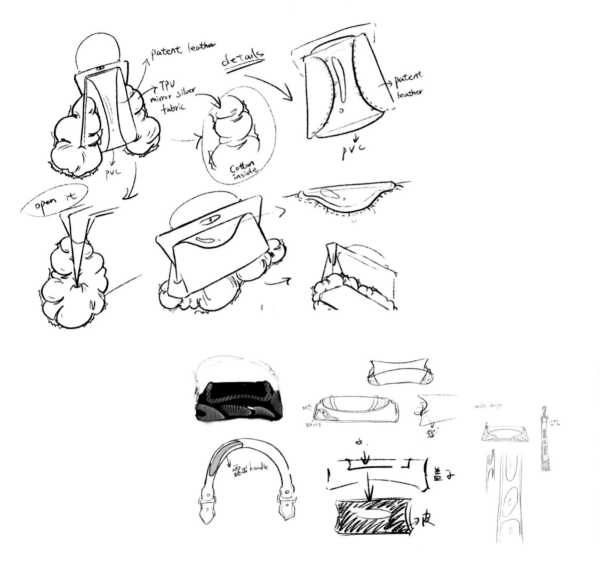

第二阶段：过程草图

在第二阶段，手绘的过程草图或称设计图，用来审视创意点和解决设计问题。从构思图中挑选最有发展潜力的创意点，给这些创意点增加细节，并且以包体结构和 3D 原型为基础，绘制设计图。在第二阶段，创意点通常是画成带透视的线稿图，并以实际制造要求进行调整。不管画的是整个产品还是产品的一部分，抑或是某些部分的爆炸图和五金件细节，这些图都代表了设计思维的渐进过程。将一些达标的设计图上色或部分上色，使其在纸上更加显眼。这些上色的过程草图可以用来做解释说明，制作出相应的 3D 模型，做出的 3D 模型又可以反过来完善设计图。设计图被确定下来后，就会进入第三阶段，将设计图画成效果图并编排在演示文档上。

第三阶段：效果图

在设计周期的这一阶段，设计将以上色效果图的形式呈现。此时，效果图是最强有力的形式，用来说服别人支持自己的设计理念，进而推销概念、基调和情绪。效果图不是按比例绘制的，可能也不包括设计图中的所有细节，是说明性质的，并不代表产品。效果图的绘画技巧反映了设计师的个人风格和艺术天分。

草稿完成后就会进行效果图上色。手绘上色很耗时，可以用彩色铅笔、颜料或马克笔完成。马克笔因其上色快、操作简单，在设计工作室中最常被使用，可以画出平坦均匀的颜色和表面效果。CAD绘图软件可以替代手工，完成大多数渲染工作，处理不同的纹理和颜色变化。数字图像的优点是易于编辑、重新上色或改色，但缺点是用相同的软件生成的图片看上去很同质化。可以将手绘的线稿图扫描到电脑中再进行渲染，或者先部分上色，然后扫描和上色，产生更多的个性化效果。

邱祖新的效果图

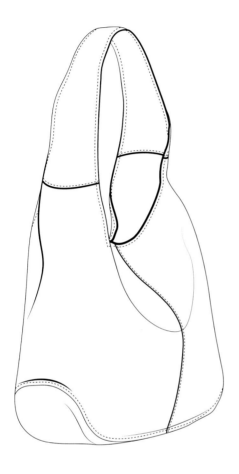

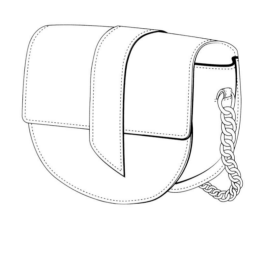

完成的款式图

第四阶段：工艺技术图

　　最后阶段的图稿，通过清晰、精确的勾线图，让图稿达到统一，展示了产品的结构和功能等技术信息，精准地还原产品设计。这些图样构成了工艺文件包（见第 52~54 页），是制作初始样品时必不可少的。CAD 工艺技术图是这一阶段最有含金量的，比起手绘工艺技术图，能更清晰、更精准地传达产品的功能和制造方法。CAD 图样按比例绘制，画面内容还包括缝线细节、拉链、拉链拉头、D 形环、气眼和扣袢。绘制时需要很多技巧，包括对包廓形的把控，尤其是一些软包或者有很多结构的，还有功能性部件，都需要绘制得清晰易懂。

　　3D 仿真软件越来越多地应用于设计可视化，不单能准确地完成工艺技术图样，更能实现 3D 模拟原型的渲染。3D 模拟原型为设计团队的其他成员、销售商和制造商提供的产品信息，远比详尽的工艺文件包来得更加详尽。

画面呈现

画图的魅力不仅在于画的行为，

画在纸张或屏幕上的位置也十分重要。

不同的构图可以使画面变得更有趣，更易读，或更引人瞩目。

设计师的意图需要被有效地传达，所以画面排版要时刻留心。

在画图的每个阶段，页面上都应有视觉焦点，对速写本，

或更正式的演示文档和作品集页面来说都是这样，

当然对焦点的表达方式可能有所不同。

手绘或电脑生成的图像，可以对称或不对称的形式排布在页面上，

增加戏剧性、强调重点，或引导视觉，

指引目光横跨页面，或者从上往下观看屏幕。

每张图的比例也有影响，

一系列的小草稿图与单张的大图所传达的信息是不同的，

但每个阶段的图都有"视觉层次"。

图片过于拥挤，页面就会失去焦点，

而图太少又会使设计理念看起来很弱。

在页面上用对比强烈的色彩画小草稿图或设计图，会更引人注意；

也可以部分上色或圈出这些图。

改变图片尺寸，可以展示部件细节，或采用爆炸图。

单张的渲染图让演示文档看起来更强有力。

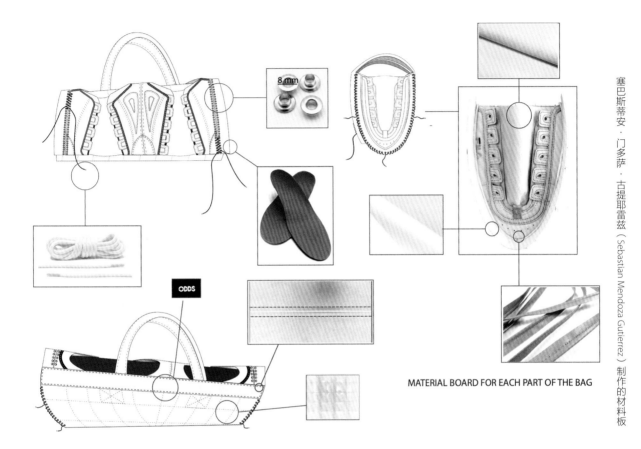

MATERIAL BOARD FOR EACH PART OF THE BAG

塞巴斯蒂安·门多萨·古提耶雷兹（Sebastian Mendoza Gutierrez）制作的材料板

　　对于每个阶段的绘图，都要仔细考虑图像在页面上的位置。在构思和过程阶段，画图可以在纸质的速写本上进行。一般速写本的尺寸为 A5 或 A4，这两种尺寸都可以方便地随身携带。速写本可以只画每页的正面，也可以考虑跨页画，组成一个 A3 版面。每张页面都使用相同的页边距，所有图像都放置在页边距内。还可以在每张页面的相同位置画爆炸图，以显示设计的各个组成部分。要着重考虑

效果图在页面上的展示，因为这些图是演示文档中最重要的部分，需要仔细考量，效果图在页面上的位置能让图片脱颖而出。

　　手绘可以在一定程度上把控页面的构图和每张图的位置，进而影响页面被如何解读。但同时，在电脑上编辑手绘图，将图像重新排布、调整大小，去除背景等工作也相当耗时。

绘制包袋

箱包配饰设计师面临着许多与产品设计师相同的绘画挑战。

学习产品设计师如何绘制基本廓形、组件或分层细节爆炸图，

对于了解如何绘制箱包结构，以及通过详细的草图表达想法是很有用的。

从不同视角绘制包体，能让人理解箱包作为一个三维物体的全部信息。

绘图视角有正面、背面、顶面、底面、侧面和四分之三面，

其中四分之三面能在一张图中提供更多信息。

为了把包袋画得更真实，

设计师需要了解透视并掌握四分之三视图的画法。

如果能熟练地画出包袋的透视图，

就能更容易地理解并使用 CAD 软件或绘画 APP，

来生成包袋的不同视角图和效果图。

透视图

为了绘图效果更真实，必须了解什么是透视，以及如何、何时使用透视。透视图展示了空间纵深，提供了高度、宽度和深度等准确的尺寸信息，以及各个尺寸之间的关系，是在二维平面上表现三维物体最还原的方式。透视图还可用于展示组件和细节等方面的内容。成功的透视图就像人眼真的看到包袋实物般自然。

所有的透视图都有消失点，通过消失点，设计师能够准确地展示箱包在三维空间的纵深。消失点

是离图像观看者最远的点，是平行线汇集的地方，可以制造出纵深感。透视有几种不同类型：一点透视，所有的线汇集在一个点；两点透视，线汇集到水平线上的两个点；三点透视，有三个汇集点。两点透视和三点透视对于绘制时尚包袋的四分之三视图是最有用的，因为能至少看到两个面，从而传递出更多的产品信息。

许多 CAD 软件有滤镜，可以矫正透视图像，将图样转化为数字形式。在产品制造阶段，3D 打印机可以将产品图部分或者全部打印出来。

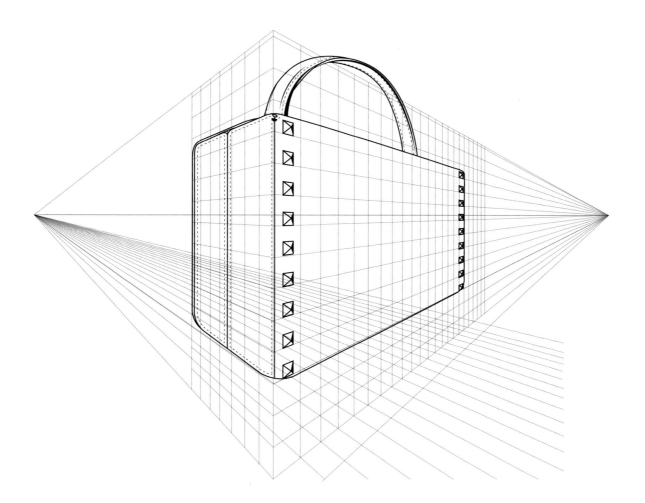

包的透视图

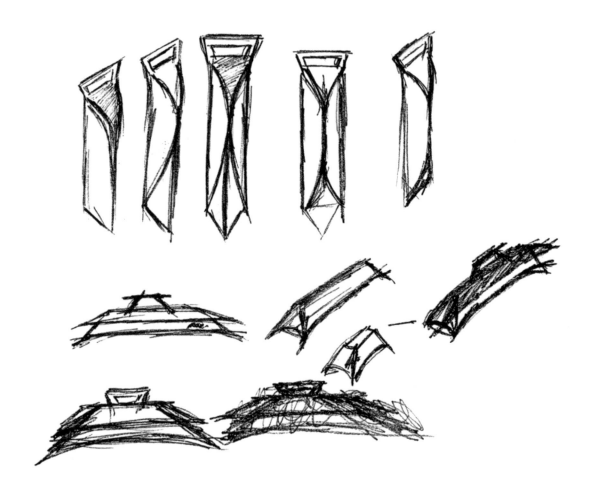

马克西姆·温克尔斯（Maxim Winckers）的范例：用线条和阴影绘制的小草图

线条和阴影

在绘制透视图时，还应考虑线条的类型。线条的粗细或颜色的变化都会改变绘画的重点，创造纵深和体积感。用线条画出整体或局部，再用排线画出阴影。学习绘制基本的几何形体，如金字塔形、球体、立方体、圆柱体、正方形、三角形、长方形和椭圆形，能更好地绘制不易表现的、不规则形状的软包和硬包。即使是最复杂的形状，也可以分解成几个简单图形的组合。掌握了简单廓形的表现后，就需要学习如何用阴影来表现物体的受光面。在画阴影前，要考虑图画中的光源方向，用阴影制造纵深感。有效的阴影能够增加设计图细节，尽管这些细节有时并不显眼。通过练习，在图中绘制阴影的手法会越来越娴熟自然。尤其是在表达包袋的体积感和画五金件时，阴影的运用更为重要。

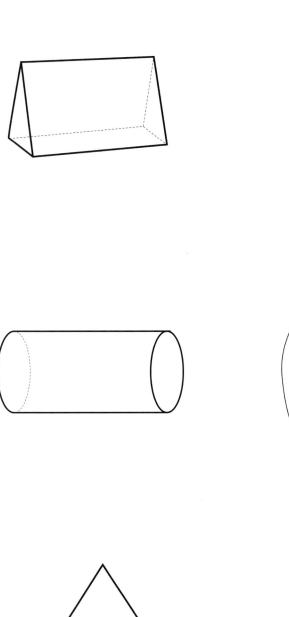

用基础形体来绘制包袋

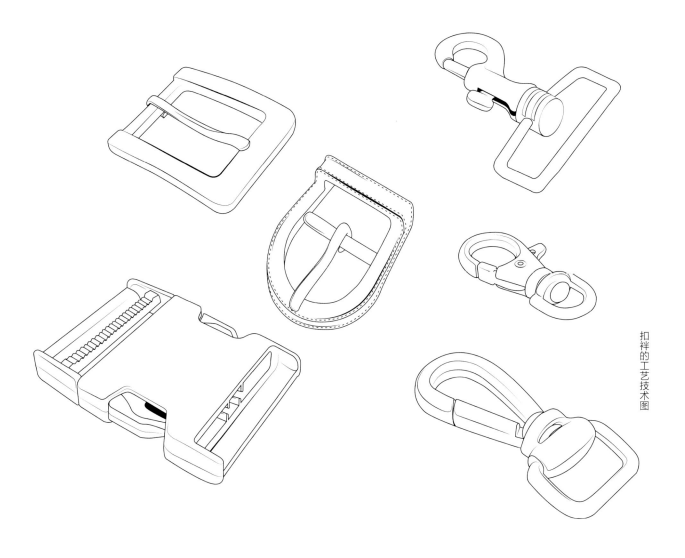

扣袢的工艺技术图

画完线稿后，可以在线稿上添加阴影。在结构线的对角线上打阴影，可使图稿更有纵深感和趣味。在一个区域内多次着色、绘画时给笔触更多压力，或使用交叉线，可以呈现深、中、浅三种色调的逼真阴影。较深的阴影可用在接受光线最少的区域，也可用于强调设计图的某些区域。

同样，也可以用几何形绘制箱包五金件，比如链条或者拉链齿等。当绘制这些五金件时（如扣袢或 D 环），人们总会误以为下笔必须要十分精确才行，而实际上，大致的轮廓就可以发展出一个完整的设计。临摹可以培养画图技能。可以将现有的五金件，如扣袢、链条、D 环和拉链等，扫描并导入CAD 软件，如 Adobe illustrator，或 3D 可视化软件，以便开发新的五金件。

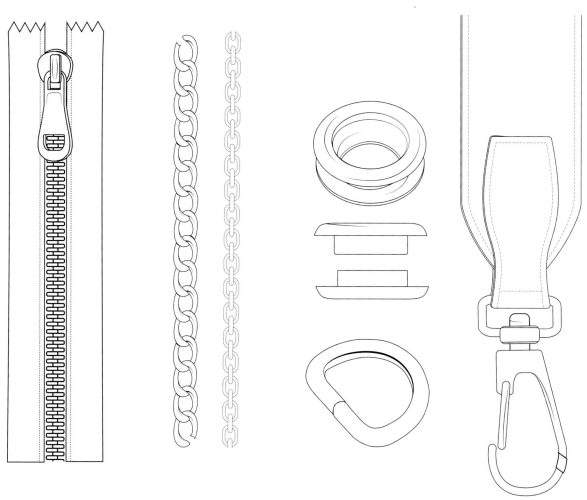

时尚包五金件工艺图：拉链、链条、气眼、D环、虾扣

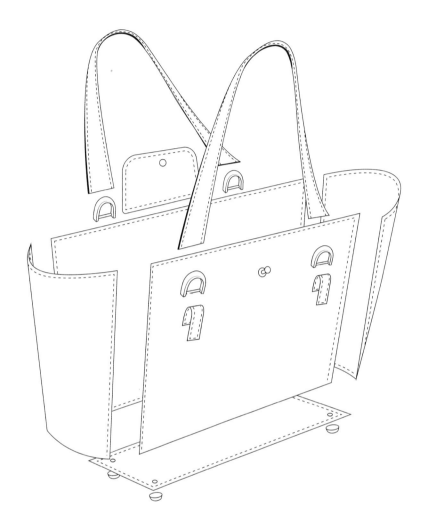

一个包的爆炸图

爆炸图

　　爆炸图通过分层拆解产品，每层之间分开一定距离，以展示产品不同层次的组成部分。爆炸图多为 3D 图像，解释了产品结构和组件之间是如何相互配合的。爆炸图通常作为过程草图来展示设计，有助于解决设计过程中出现的问题，同时也被广泛应用于工艺技术资料中，以解释产品的确切构造。爆炸图可以沿对角线（如从左上到右下）进行分层绘制。绘制爆炸图需要相当多的练习才能熟练

掌握。

　　一些图像处理软件是绘制爆炸图的得力工具。将手绘图像扫描导入电脑，经过软件编辑，可作为其他设计的爆炸图模板。软件可以将图像中的线条整齐化，也可以渲染图像。

　　设计师需要了解如何以及何时使用手绘、电脑绘、3D 可视化和图像处理软件来创造图像并相互配合。

手 绘

徒手绘画极具创造力和表现力，学习并掌握手绘，

能够更准确地表达设计意图。

练习手绘最好的方法就是临摹实物。

观察式的绘画有助于形成个人风格和建立设计师自己的"速记"目录，

能精准快速地画出包的形状和部件，

如链条、扣袢、拉链或缝线，以及不同材料或皮革的纹理。

从不同的角度绘制箱包，有助于理解不同的透视视角，

并能将头脑中的想法落实纸面，画出符合透视的3D物体。

练习不同包款的绘制，能更全面地理解箱包如何建立系列感，

以及在过程草图中如何改变包的比例、大小和细节等。

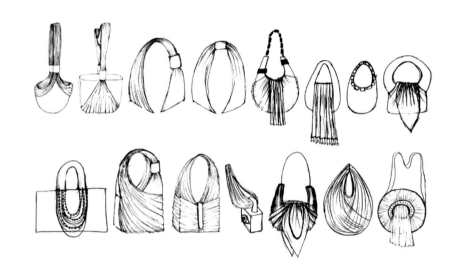

不同比例和设计的箱包缩略草图，塞丽娜·巴希尔绘制

多多尝试不同的画材，找到最趁手的工具。不同硬度的铅笔，酷笔客（Copic），培斯玛彩铅（Prismacolor），莱特塞特（Letraset）或潘通的马克笔，以及勾线笔和圆珠笔，都是很好的手绘工具，都十分便携。水彩、水粉、丙烯颜料和墨水，需要更多练习，且不容易携带。在不同质地和颜色的纸张上绘画，呈现出的效果也不同，也可以尝试把不同的绘画进行拼贴。成型的个人风格通常对应着特定的画材。尝试不同的画材，会帮助你发现一些可以用 CAD 软件实现的技巧。

电脑绘图

CAD 绘图软件，
可以实现用计算机来创建、修改和解析设计图稿。
CAD 软件的优势在于，
可以将手绘中使用到的所有技巧进行再创造。
几何形体、2D 工艺技术图样、3D 透视图样和爆炸图、图像处理、
动画或三维原型，都可以用电脑软件来完成。

3D 设计软件有两大类别：用于创意设计的 CAD 软件，以及用于 3D 建模与 3D 可视化的 CAD 软件。3D 软件可用于创建物体，如包袋原型或组成部分。在电脑上进行 3D 模型渲染，可对模型进行 3D 打印。

市面上有多种软件可供选择，一些较大的时尚品牌还自行开发了软件。一些授权的 CAD 软件可能花费昂贵，但越来越多的免费或开源软件以及应用程序可以与授权产品相媲美。与手绘一样，想要熟练掌握 CAD 软件都需要不断努力和练习。下面列举了一些常见软件，适合初学者或更高阶的设计师。

用于创意设计的 CAD 软件

Adobe 创意软件套组（Adobe Creative Suite）集合了当代设计师所需的所有软件，包括 Illustrator、Photoshop、InDesign 和 Premiere Pro，涵盖了从绘图、渲染、Logo 创意设计，到视频编辑的所有方面，是时尚行业中使用最多的 CAD 软件套组。

Illustrator 和 Photoshop，可以将简单的形状和颜色变成更复杂的设计，也可用于照片编辑、合成和电脑绘图。InDesign 是一款在电脑桌面上进行排版的软件，用于创建演示文档、作品集页面和产品画册。Premiere Pro 是业界领先的视频编辑软件，用于将移动图像制作成电影和视频。

免费、开源或便宜的软件通常包括 Adobe 创意软件套组中的一些工具。Pixlr 是用于照片编辑和图像处理的免费 CAD 软件，在其扩展工具箱中有 600 多种效果可用于渲染和图像处理。Inkscape 可以处理有复杂细节的图片，支持混合和克隆对象等高阶功能，创造出富于变化的设计。Scribus 软件费用低廉，作为 InDesign 的平替，提供专业的页面布局功能和一系列绘画工具。DaVinci Resolve 是一款免费

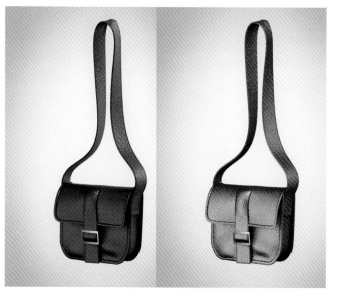

安妮卡·安德森用 CAD 软件绘制的不同颜色的斜挎包

的视频编辑软件,其强大的色彩校正功能已经成为行业标准。

3D 建模 CAD 软件

3D 建模 CAD 软件强大的渲染和动画功能,能更好地实现产品设计可视化,是专门用于建模的有力工具。近年来,专业技能过硬的 3D 建模设计师成为公司招聘的热门人才。

Tinkercad 是一款免费的在线 3D 设计应用程序,主要面向初学者或没有 3D 建模经验的人。Tinkercad 使用搭积木的直观概念,设计师可以在软件自带的资源库中,寻找合适的基础形体搭建想要的造型并进行 3D 打印。

AutoCAD 是十分成熟的 CAD 软件,兼具 2D CAD 软件和 3D 建模软件的优势。它既是 2D 绘图软件,也可进行 3D 建模,并可将模型转换成 3D 打印文件。

犀牛(Rhino)被公认为是最通用的商业化 3D 建模软件,是市场引领者,在工业设计中被广泛应用。犀牛软件可以使用很多不同的方式,对点和形进行操作,来构建可用于 3D 打印的实物和部件。能创建复杂的 3D 模型,是犀牛软件的最大亮点。

CLO3D 是一款时尚设计 3D 可视化软件,用于开发"真实"的 3D 服装、时尚配饰和鞋履。软件极大缩短了创建样衣版型、产品和组件所需的时间,还能在资料库中选择包括皮革在内的材料,进行快速渲染,效果十分逼真。CLO3D 的优势是速度快,调整不同效果只需几分钟,所以软件在时尚界的应用已不仅仅局限于设计开发阶段。

Blender 3D 是由非营利组织 Blender 基金会开发的免费、开源的专业 3D 软件,受众广且实用性高。从电脑绘图、3D 打印建模,到渲染纹理和动画,Blender 3D 支持全流程 3D 研发。

4

Materials

材 料

气候危机的愈演愈烈，使得时尚领域对材料的选择也愈加谨慎。单靠好看的外观，或粗浅地使用"可持续材料"，已经没办法再让消费者买单。越来越多的消费者更希望知悉产品的切实来源。整合并建立可持续设计和制造的全新方式，对于供应链的透明化和转型都至关重要。为满足消费者的诉求，品牌也在探寻更绿色、更生态友好的材料。因此，在选择材料时，除了外显的审美因素，如表面处理、颜色和质地，还应该考虑材料对环境的影响和生物可降解性（材料被分解为有机物的能力）。

轻质尼龙、聚氨酯（PU，一种合成塑料材料）以及棉帆布，一直是时尚箱包配饰中最受欢迎的皮革替代品。但在充满创新的时尚领域，各种工业废料正持续被回收，并再造成新的材料。

箱包的主要材料

从传统的皮革到纺织品，
如棉、帆布、牛仔布、羊毛和麻等，制作箱包的材料众多。
箱包也可以用软木、拉菲草和金属，
以及合成塑料（PVC、聚丙烯、尼龙）或亚克力等制成。
与直接从植物提取的天然纤维不同，
塑料和亚克力材料是通过人工化学合成的。

材料的选择往往取决于设计的需求，制造的难易度，
制造成本，以及当时的流行趋势。
每种材料都有其优缺点，同时对环境的影响程度也不同。

皮革

皮革业是世界上最古老的行业之一，也是全球经济的重要一员。皮革具有独特的透气性、耐用性和柔软弹性，适用于各类箱包，历来是时尚箱包配饰的首选材料。同时，皮革作为奢侈材料，也是世代传承、工匠精神和高端品质的代名词。

虽然时尚行业对皮革制品的需求在不断增加，但皮革生产过程中鞣制工艺对环境造成的不良影响也一直饱受诟病。这些反对声音促使设计师在设计阶段就要不断寻求对环境友好的可持续设计方案。

从本质上讲，皮革是肉业和农业的副产品，皮革工业对其进行了回收利用，否则这些皮革会被焚烧或送进垃圾场。商业化的皮革鞣制过程中，会使用对环境有害的化学品，阻止动物皮的分解，让动物生皮转化为皮革，使其柔软、不褪色。这是皮革加工过程中对环境破坏最大的环节。21世纪20年代初，出台了限制全球皮革生产的法案，这意味着制革厂必须达到更高的生产标准，去应对解决包括工人工作条件、动物福利、乱砍滥伐、过度用水，以及导致气候变化的排放等问题。目前，新技术和工厂流水线的开发，已经为改善皮革生产和创建透明供应链做出了典范。例如，古驰、添柏岚（Timberland）和尼索罗（Nisolo）等品牌，正大力促进皮革的道德化生产和供应链透明化，以延长皮革产品的寿命和耐用性，确保产品可溯源。

尼索罗品牌的西蒙（Simone）皮革购物袋包

棉制品

棉花是自然植物纤维，是棉属植物种子的棉毛。棉花被采摘下来后，纺成纱线。

棉花材料的来源有三种：传统种植后经化学处理的棉花，可持续生产的有机棉花，以及回收棉花。棉花有多种生产加工方式，传统的生产方式需要消耗大量水资源，但如今生产技术革新使得棉花加工的耗水量减少了 96%。棉可以织成不同厚度和类型的布，如帆布和牛仔布，还可以被加工成各种颜色，并做涂层处理，使其防水或更耐用。

棉织品的密度会影响箱包的重量。例如，帆布是相对厚重的面料，用帆布制成的包，会比灯芯绒制成的包更重。通常棉布会附上蜡涂层，这种工艺最早源于 19 世纪初船用帆布的处理工艺。

经过封蜡处理的材料有釉面效果，被广泛用于时尚配饰的制作，是皮革替代品之一。这种棉质材料耐用、防水，并且和皮革一样，会随着时间推移留下岁月的痕迹。棉织物是可生物降解的材料，经过回收的棉纤维会与其他纤维混合，以增加材料强度。

帆布也是大多数品牌的主打材料。西班牙奢侈品牌罗意威，推出了新的标志性单品：由帆布结合皮革饰边的 Balloon 单肩包。帆布也被思琳、路易威登、普拉达、巴伯尔等品牌使用。

聚氨酯（PU）

除皮革外，聚氨酯（俗称 PU）也常用作时尚包袋的主材。PU 也被称为"合成皮革"，被广泛用于鞋类、时尚箱包和配饰，是更廉价的材料，同时也是动物皮革的平替产品。

对页：罗意威帆布皮革 Balloon 包

右图：马特 & 纳特（Matt & Nat）的 Loom 系列中的 Annex PU 素皮双肩背

PU 还是 PVC（聚氯乙烯）的替代品，PVC 是对环境影响最大的塑料制品。

PU 可由回收的塑料瓶制成，直接生产的 PU 和回收再造的 PU，在外观和质感上都与真皮相差无几。PU 可以模仿各种皮革的颜色、纹理及表面处理，但价格更低。由于不受天然皮革尺寸和伤残的影响，PU 在生产过程中成本更低且浪费更少。所以，PU 不单是中低价位箱包的理想选择，整个行业的各个市场层级都会使用 PU。

PU 的缺点是材料不透气，也不像皮革那样会随着使用而具有"年代感"。PU 会被撕裂，同时不易修复，所以 PU 制成的包一旦损坏就很快会被丢弃。虽然与其他合成材料相比，制造 PU 所用的资源较少，但与所有塑料制品一样不可降解。丝黛拉·麦卡特尼、川久保玲和马特＆纳特等设计师都曾用 PU 来制作时尚包袋和配件。

尼龙

尼龙是一种从原油中提取的合成塑料。1935 年，因具有可以被加工成纱线的特性，尼龙作为丝织物的替代品被发明出来。尼龙在服装方面受欢迎的程度时好时坏，但自从普拉达在 20 世纪 80 至 90 年代，将尼龙面料应用在奢侈箱包上之后，尼龙便在时尚箱包和配饰领域的所有市场层级中都备受欢迎。尼龙轻量、耐用、结实、可折叠、易于染色和防水等优点，都让其成为包袋的最佳面料选择。轻质尼龙旅行包由防撕裂尼龙制成，其重量轻，柔韧性佳，以及抗拉伸性强等优点，彻底革新了行李箱包市场。普拉达和珑骧还使用尼龙制作了更具功能性的休闲包，如特定节日的包款和运动包，还有背

上图：珑骧品牌的尼龙条纹周末旅行包

对页：英国名模阿德瓦·阿博亚（Adwoa Aboah）和普拉达的尼龙腰包

包、腰包和托特包。

像其他合成纤维一样，尼龙也是不可生物降解的。但是尼龙可以被回收再利用，再生尼龙通常由尼龙渔网制成，其生产过程比直接生产尼龙材料消耗的资源更少。例如，普拉达正在倡议将再生尼龙纳入其产品系列。

涤纶

涤纶是一种热塑性合成材料，可以被熔化和重组。尽管涤纶在 1941 年就被发明出来了，但在 20 世纪 70 年代才开始流行，经常被用在颜色鲜艳的休闲服装和迪斯科舞厅服装上，这也让涤纶有了平价面料的名头。在箱包方面，涤纶常被用于制作可折叠或轻便的包款，也因其便于油墨印刷，亦是制作老花印花包袋和双肩背包的理想材料，广泛应用于可重复使用的促销赠品。

涤纶包袋分解和生物降解都十分困难。每年大量的塑料垃圾都会催生一些创新解决方案，如通过熔化现成的塑料瓶，并将其重新纺成涤纶纤维进行回收。在耐久性或强度方面，再生涤纶与原生涤纶没有区别。SKFK 等品牌已率先在其包袋系列中使用再生涤纶纤维。

亚克力

亚克力是一种坚固的透明塑料材料，可以热压成型。第一款亚克力包是由杜邦公司（DuPont）利用其在 1931 年发明的名为璐彩特（Lucite）的材料制成。璐彩特是一种耐用的亚克力材料，最初在二战作为军用。战后，在现代材料流行趋势下，类似璐彩特和 Perspex®（Plexiglas® 有机玻璃）的亚克力塑料材料开始被用于时尚配饰。亚克力可以被加工成型、染色、制作纹理，或直接制成各种颜色或透明无色，并可以模仿玳瑁和象牙质感。这种材料坚韧耐用，但容易产生划痕。在亚克力的生产过程中，会释放有毒气体，虽然材料可被回收利用，但同样不能被生物降解。

尽管如此，亚克力也没有被弃用，仍被广泛用于时尚箱包，特别是手拿包款式。总部位于洛杉矶的品牌 Cult Gaia 用亚克力创造了时尚界最著名的 IT 包之一。半圆形的摩登 Ark 包，其结构是由亚克力条编织而成的。

SKFK 回收的尼龙和涤纶手提袋

Cult Gaia 的亚克力半圆 Ark 包

氯丁橡胶

氯丁橡胶是一种由氯丁二烯制成的合成橡胶，研发于 1930 年，因其强度高和较好的防水性能，最初被应用于轮胎、潜水服和软管等不同领域的产品中。除了作为功能性材料，氯丁橡胶还被制成高档服装和箱包配饰。氯丁橡胶由两层织物黏合而成，具有柔软的软垫质地，并有多种厚度选择。氯丁橡胶裁切后的裁片，就算不进行边缘处理，也可以保持弹性和形状。

MM6 马丁·马吉拉（Maison Margiela）的氯丁橡胶包

93

选择合适的材料

制作箱包要选择合适的材料。

设计师需要调研和积累经验，了解不同材料及其各自特性，

才能选择适当的材料为设计增色添彩，

而不适当的材料则会削弱效果。

新材料层出不穷，设计师对材料的调研和学习也应与时俱进。

很多材料并不能轻松买到，有的必须在贸易展上订购，如品锐至尚面料展和琳琅珮琍皮革展，或直接从制革厂、制造商或批发商处购买。参加贸易展是广泛积累行业知识，并与供应商建立联系的好方法。贸易展通常一年举办两次，至少在销售季前六个月开展。展会提供了材料和色彩的全球趋势，并突出展示新材料的发展。

越来越多的可持续和符合道德伦理的箱包材料，以减少对环境、社会和经济的影响为卖点，正成为贸易展的主流趋势之一。还有一些展览会，如未来面料展（Future Fabrics Expo），专门展示来自全球的可持续性和符合道德伦理的材料，包括各种皮革替代品。这些商业化可购得的材料对环境的影响很小。设计师品牌如帕古罗（Paguro）、马特＆纳特、丝黛拉·麦卡托尼、维维安·韦斯特伍德（Vivienne Westwood）和 BOTTLETOP 的设计师们，利用他们的创意视角和知识，与小微生产商、制造商和社区合作，来改变材料用途，或寻找新的可持续替代材料。这些行动拓宽了商业生产的概念，其中包括公平贸易的倡议，帮助发展中经济体的生产者实现可持续和公平贸易关系。

材料的功能

大多数高品质的时尚包袋都是用全粒面小牛皮制作的，因为皮革的天然质感很好。全粒面皮革是动物毛发下的表皮，是最坚固耐用的部分，保留了天然皮肤上的瑕疵或痕迹，没有进行抛光去除。一个箱包产品很少只使用一种皮革或材料。包身的各部分用到的材料很多，包内部也会用不同材料，但从外表看不到。设计师需要让各种箱包制作材料达到高度兼容性。对于从箱包外部看不见的内部面辅料来说，兼容性更加重要。

对于箱包的设计和审美来说，材料的天然特性是首要考虑的因素之一。例如，牛仔布和皮革都是结实耐用的材料，其特征是会随着时间的推移而变得有年代感。一款带有皮革手柄或饰边的牛仔包，让人感受到工装的美感，而且这两种材料都结实耐用。使用织带做肩带或开合的轻质尼龙包，是运动装备或周末旅行包的代名词，这两种材料都又轻又结实，兼具装饰性和功能性。

维维安·韦斯特伍德符合伦理时尚的非洲系列，2012年春夏

对于材料选择，设计大纲中要明确其价格、功能、款式、市场层级以及品牌可能关注的特定问题，如公平贸易原则、可回收性或可持续性。如果一个系列包括软包和小皮件，就需要用到不同类型的皮革和辅强材料。柔软且廓形松弛的包，与廓形挺实的包所需要的材料是不同的。

包里盛放的东西越多就越重，所以在包袋功能性的考量中，很重要的一点就是材料的重量，包括辅强材料、里衬和五金件，这些都会增加包的重量或厚度。除了考虑重量，包上的受力点，包角，或者提手和包身的连接处，还有防止频繁拿放造成损坏的包底，都需要在包上使用多种材料来加固和保护包身。

辅强材料

作为箱包的"隐形英雄"，辅强材料存在于箱包具有设计和美感的外身与隐藏在结构内部的里衬之间。辅强材料作为功能性材料，用来提升产品性能和寿命。

对于一个成品包的外观，其使用的辅强材料的重要性，不亚于包身外皮使用的材料，因此应谨慎选择。使用不恰当的辅强材料，会破坏主材料的天然特性。辅强材料可以使容易拉伸的皮革更具稳定性，使材料更容易切割和缝纫，或者为包上的手柄、耳仔、拉链或其他部件的连接处增加强度。辅强材料还可以支撑包底，使其在空包时不会塌陷，装满东西时也不会变形。

辅强材料和面材一样种类繁多，所以测试面辅料的适配性，确保其能满足设计需求，是至关重要的一步。辅强材料分为编织和非编织两种，将其粘在皮革或织物上，或被预先附上胶水，以加热的方式粘贴。辅强材料也有不同的厚度，较厚的辅强材料使面材更坚固，能够支撑结构，较薄的辅强材料可以在提供足够支持力的前提下仍保持外观轻盈。辅强材料的特性需要与面材的设计、审美和核心特性相匹配，这样包袋所有元素的功能都不会与材料的自然特性相悖。

其他类型的箱包辅强材料，如卡纸和快把纸，

可以增加结构强度，常用于挺实的廓形或旅行箱类的设计。仿麂皮绒，一种合成纤维，是箱包内胆最常用的维持包廓形的材料。泡沫，可以用来填充箱包上有软垫的部分，是绗缝的理想选择，也可在不增加重量的前提下，让轮廓圆润，或让包体显得更大。

里衬

里衬，或者叫内衬、衬里，可以遮藏箱包结构的车缝线，没处理的边缘，以及不太好看的辅强材料；里衬需要持久耐用且质量足够好，与包上的其他材料相称。包袋最常见的问题之一，就是里衬比包外皮更先坏掉。

里衬不应仅仅被看作包袋的功能性部件。当人们打开包袋和配饰，有着鲜亮色彩或材料拼接的里衬，能让人眼前一亮。里衬通常肩负宣传品牌的作用，里衬内包括口袋、内部拉链、内部分割、不同颜色的包边和边骨条。

材料的组合

选择包袋外身的材料时，关键的一点是需要所有材料的特性相似，并与设计风格、审美和功能相协调。

无论是为品牌设计还是为自己设计，包袋的售价将决定可以使用的材料种类，以及消费者对产品在设计美学、材料质量和做工方面的期待。昂贵的包袋通常用昂贵的材料制作。许多品牌都有他们每季喜好使用的标志性材料，以满足消费者对质量和卓越工艺的期待。

除了以上因素外，如今在选择材料时还必须考虑包袋的拆解。在设计产品时，就必须考虑包袋使用寿命结束后，如何能被快速、方便、经济地拆解开，零部件如何进行再利用、回收或升级改造（升级改造：重新利用材料，再造出比原材料质量更高的材料）。任何一件产品的材料组合是否合理，都或多或少影响着产品的可持续性。

为什么选择皮革?

皮革是动物皮经过清洗和一系列处理,

用鞣制工艺制成的,

这种工艺可以保持皮革的天然质感。

皮革的特性有强度高、韧性好、透气性好、耐摩擦,

以及好的防水性和耐热性。

皮革既可以是柔软有弹性的,也可以被成型为硬壳,

皮革的多样性使其成为包袋的理想材料,

不同的特性满足了箱包不同部位的不同功能需求。

例如,包的手柄需要坚固并保持造型,

而包的主体又可能比较柔软。

皮革非常适合制作包袋的部件,

如背带、小配件,还有流苏和绳带等装饰品。

鞣制

早在史前时代,人类就开始利用干燥的动物皮毛了。最早的皮革制品可以追溯到公元前 1300 年。古希腊人、古埃及人和古罗马人通过软化和保存皮革的技术,来制作防护衣和盔甲。随着皮革被广泛使用,皮革生产规模逐步扩大,鞣制工艺也不断升级。在中世纪时期,为了控制产品质量和传统植鞣革的供给,制革者和皮革工匠形成了贸易行会。

植物鞣制是个技术活,过程长达两个月,靠手工完成。这一过程使用植物单宁,而非矿物或合成鞣剂。鞣制过程从准备开始,生皮需要经过脱毛、脱脂和脱盐处理,之后浸泡在水中,放入装有天然单宁酸(如树皮)的大桶中,在染色和封蜡之前,形成质感温厚、深度染色的皮革。鞣制的皮革会产生一种特有的光泽感,随着时间推移,表面越来越光亮,皮革的"奢华"感也应运而生。

1858 年,工业革命带来了全新的制革工艺,化学制剂让鞣制变得更快也更便宜。这种替代植物鞣制的方法称为铬鞣法,使用铬盐来简化生产过程。铬鞣法相较于传统植物鞣制法,免去了很多制备步骤。

如今在时尚领域,植鞣皮革和铬鞣皮革都被广泛应用。辛苦的劳动密集型生产和优良品质,让植鞣皮革成为高品质的代名词。成品植鞣皮革的硬挺

質感，会因时间流逝而被穿戴出岁月的痕迹，让植鞣皮革制品可以代代相传。植鞣皮革硬挺有型，刚生产出来时为天然沙色，随着时间推移颜色越来越深，是传统男士品牌的理想选择。

植鞣皮革可以先制成毛边（散边）的箱包，之后边缘可进行抛光和染色，手工感十足。植鞣皮革还适合用模具成型和压花。

铬鞣皮革的生产快速、廉价，不需要高超的技术手段；其颜色和表面处理也没有限制。皮革的颜色鲜艳、浓烈，在产品的生命周期内能保持不变，并有多种饰面，可以满足时尚界层出不穷的创新需要。铬鞣皮革更薄、更软，但没有植鞣皮革那么耐用。

植鞣和铬鞣都会对环境产生影响。铬鞣的生产过程相当有害，生产过程中会产生有毒废水，如果不加处理进入水循环，会对动物和人体造成一系列严重的后果。然而，全球对各种廉价皮革的需求量甚大，以至于今天全世界 90% 的皮革都是铬鞣皮革。

皮革的类型

皮革以单张或整捆的形式出售，按平方英尺（1 平方英尺 ≈0.093 平方米）计价。每一张皮都来自一只动物，都是独一无二的，包括皮上的瑕疵和标记，所以没有两张皮是完全相同的。

动物皮有不同的类型和质量，尽管所有皮革都可以用植鞣或铬鞣来生产，但了解每种皮的特点和尺寸仍是十分必要的。

整张皮（Hides）来自体型大的动物，比如牛，皮面积从 12~35 平方英尺不等。皮革以整张售卖。

半张皮（Sides）是整张皮沿脊椎切成两半的皮革。

小兽皮（Skins）来自较小的动物，如绵羊和山羊，尺寸通常从 4~9 平方英尺不等。绵羊皮可以留下表面的羊毛，质地柔软、有弹性、多孔透气，多用于服装或手袋和手套的包边，也可以制作成全粒面皮革。小兽皮通常使用特殊的化学工艺进行鞣制，做成纳帕皮（Nappa）。纳帕皮保留了原皮的美感，但又非常柔软有弹性，不会出现褶皱。绵羊纳帕皮常用于高端奢侈品，最初由葆蝶家使用，研发出具标志性的皮革编织工艺（Intrecciato），通过编织法，让柔软的纳帕皮也有足够的强度来制作包袋。

山羊皮用于生产高质量、细腻柔软的全粒面皮革，通常使用在手套、鞋和包上。曾经过气的山羊皮，现在又重新受到人们的喜爱。比利制革厂（Billy Tannery）是一间小型的先锋制革厂，在英国生产可持续皮革，用树皮鞣制生产高端的山羊皮配饰。羔皮（Kips）是没有完全长大的幼年动物的皮，所以比成年动物皮尺寸小。其他的皮革，如蛇、短吻鳄、尼罗鳄、蜥蜴、袋鼠、鸵鸟、鹿和鱼，多在包袋配饰上小面积使用，主要出现在高端市场。由于对稀有皮革的需求越来越大，甚至一些濒危物种的皮革也开始在市场流通。许多主要的时装公司，包括普拉达、香奈尔、雨果·波士、维多利亚·贝克汉姆和玛百莉，现在都已经停止使用稀有皮革。

除了尺寸不同，皮革还有不同的等级区分，即按照被剖开或分层的次数以及其纹理的质量来划分。剖层皮革是指皮革沿横截面被水平切成不同厚度的几层，随着剖切的次数增加，皮的质量也会下降。

比利制革厂呈现皮革光泽的粒面皮革手提包

粒面（Grain）是指皮革每一层的纤维密度。头层皮是动物皮的最外层，有最致密的纤维，用于制造全粒面皮革，有良好的强度、耐久性和品质。头层皮是制作皮具和时尚包袋的优选，也是唯一可以进行苯胺染色的皮革。苯胺染色是指染料穿透皮料，呈现出半透明的光泽，而不仅仅是颜色停留在皮革表面。

皮革剖的层数越多，皮革的等级就越低。因为剖层革是从皮革更下层、较薄的皮层中分割出来的，远不如全粒面皮革耐用。顶级的全粒面皮革不需要打磨或抛光来掩盖瑕疵，但低等级的剖层革经常会在表面做涂层或者饰面，来模仿高等级的皮革。

剖层皮革可以做类似麂皮的表面处理，通过对皮料肉面进行抛光，形成柔软的绒毛或"绒面"；或制成牛巴革，这种工艺类似于抛光皮革表面的纹理。

压纹皮革可以模仿稀有动物皮，如鳄鱼皮、蜥蜴皮和蛇皮。皮革在经过表面压纹后会变得僵硬，但在包上小面积使用，或者用在小皮件上，效果更好。

擦色皮有两层颜料，上层颜料不均匀的涂抹可以透出下层撞色的颜料，给人复古做旧的感觉。

漆皮是将液体树脂涂层或塑料涂层压在皮革的表层，让皮革表面闪闪发亮。这种工艺降低了皮的弹性，适合做皮带和一些潮流款式的包。这些带有表面处理的皮革多用于潮流时尚包款，设计师有时爱用某些特定种类的皮革来打造品牌或特定系列的风格。

皮革替代品

时尚业是造成污染最严重的产业之一，

但同时也是维系全球经济增长的重要产业。

为了创造更可持续、更绿色的时尚系统，并响应消费者对回收、纯植物、

生态友好和公平贸易产品的爆炸性需求增长，

许多时尚配饰品牌已经开始探索可持续和符合伦理道德的材料，

作为商业皮革的替代品。

已经投入箱包配饰市场的纯天然替代品，

包括用高分子聚合物增强的软木和树皮纤维，

以及从菠萝、椰子、葡萄、咖啡、蘑菇和海藻中提取的创新皮革替代品。

越来越多的材料可以进行再利用和升级改造，成为皮革的替代品。

海洋塑料

据估计，海洋中约有 51 万亿件塑料垃圾。一个塑料袋需要 20 年才能分解，塑料瓶需要 450 年，鱼线需要 600 年。海洋塑料垃圾爆炸式的增长，却为时尚业非自然材料的开发创造了新契机。"帕里为海洋"（Parley for the Oceans）是一个全球性环保组织，旨在与品牌和设计师合作，探索环保新契机。该组织与阿迪达斯合作，创造了 Parley Ocean Plastic™，一种由海洋塑料垃圾制作的材料，这种回收再利用的原材料，被阿迪达斯用来制造运动鞋和运动服。帕里还设计了海洋包包（Ocean Bag）系列托特包，并与一些当代艺术家合作，打造了系列限量版包袋。

『帕里为海洋』与道格·艾肯特（Doug Aitken）合作的托特包由回收的海洋塑料制成

橡胶

每年都有数以百万计的橡胶管被送到垃圾填埋场，所以对环保来说，回收橡胶好处多多。合成橡胶是不可生物降解的，所以产能过剩的轮胎和内胎便成了巨大的潜在资源，非常适合回收用以生产包括鞋底在内的各种创新产品。橡胶的哑光质地和强度，使其成为超时髦的箱包选材。时尚品牌如帕古罗，使用自主研发的回收橡胶材料代替皮革材料，制作时尚手袋。帕古罗还广泛使用其他回收和再利用的材料，包括再生帆布。

超细纤维

超细纤维，又称超纤。Lorica® 和 Vegetan® 是两个无纺合成面料品牌，其产品质地与皮革相似。它们重量轻，可清洗，透气性好，与皮革的使用寿命差不多。Lorica® 最初是为日本渔民开发的，由微纤维（由紧密编织的聚酯和尼龙混合而成的细纤维）浸泡在树脂中制成，是一种柔软、耐用的材料。成品有很多颜色，可以印刷、切割、缝合和黏合，能够替代皮革，制作箱包配饰。Kaanas 用超纤制作了灯笼包（Lantern bag）。Vegetan® 专门生产替代皮革的超纤材料，更容易生物降解，相比于植鞣革，对环境的影响更小。

102

软木皮革

　　软木皮革由软木橡树的树皮制成，是皮革的天然替代材料。软木皮革有独特的表面质感，防水、防污又耐用，是箱包配饰的用料佳选。虽然制作软木皮革过程漫长，但树木的平均寿命约为 200 年，其间可以多次采集树皮。软木被切成薄片后，附上辅强材料以增加强度。软木皮革的独特外观吸引了一众奢侈品牌，包括香奈儿和葆蝶家，都用软木皮革制作了箱包配饰系列。

香奈儿软木单肩包

103

木质皮革

NUO（曾用名 Ligneah），是最知名的从木材提取的纺织物之一。这种材料柔软、有弹性，有类似皮革的质地。NUO 已经在时尚界小有名气，经常用来制作箱包配饰。

用于制造 NUO 的木材来源符合道德标准，通过处理使其更加柔软。NUO 表面可以做成光滑的皮革饰面或压花饰面，如鳄鱼纹和蟒蛇纹。NUO 设计公司（前身为 OOD）致力于提供慢时尚和可持续材料的创新解决方案，为了充分展示该面料的特性，生产了一系列箱包配饰产品。

柔性石材

柔性石材是一种由多层岩石片制成的新产品，岩石经过极薄切片，并附在纤维毛毡层上进行加固，便得到既有强度又有弹性的面料。这种天然材料像皮革一样，颜色和纹理都略有差异，没有两块是完全一样的。经过处理的石材变得足够柔软，类似于传统皮革，可用于制作电脑包、手袋和皮带。位于柏林的先锋包袋品牌 Luckynelly 也正在用这种材料制作奢侈时尚包袋。

绿色和黄色木质纺织物手提包

Taikka 的 Piñatex 银色肩包

蘑菇皮革

蘑菇皮革是一种环保的有机材料，由蘑菇孢子和植物纤维制成。这种轻质的皮革替代品由商业种植的平菇废料制造。在收获蘑菇后，剩余的材料被加工成型和进行干燥处理，并与麻和亚麻纤维混合。蘑菇皮革可以染色，具有类似鹿皮的质地，并可以完全被生物降解。蘑菇皮革重量轻、弹性好，被广泛应用于产品制作。设计师丝黛拉·麦卡特尼使用蘑菇皮革来制作其标志性的法拉贝拉包，该包曾在 2018 年维多利亚和阿尔伯特博物馆的"自然的时尚"展览中展出。

Piñatex®

Piñatex® 材料由菠萝叶子中提取的纤维素制成，是水果农业的副产品。Piñatex® 作为皮革的替代品，在时尚界已经得到认可，并被广泛商用。这种材料结实、透气、柔软、轻巧、有弹性，易于切割、缝合和印刷，有各种厚度和表面处理，是鞋类、时尚包袋和配件的完美选择。Piñatex® 已被雨果·波士、H&M 以及 Taikka 等时尚品牌使用。

银色链条蘑菇皮革法拉贝拉包

企业家阿德里安·洛佩斯·贝拉尔德（Adrián López Velarde）和马尔泰·卡萨雷斯（Marte Cázarez）与仙人掌皮革

仙人掌皮革

成立于墨西哥的品牌 Desserto 开创了仙人掌皮革生产的先河，并将其引入时尚界。仙人掌皮革的制作需要采摘成熟的仙人掌叶片，将其干燥、软化，并用专利配方制成耐用的皮革替代材料。与其他素皮替代品不同，仙人掌皮革的生产工艺不使用塑料衍生品，这让 Desserto 进一步推进了素皮行业的可持续发展性，减少水资源的使用。Desserto 已经生产了一系列箱包配件，并与其他时尚品牌联名合作。

香蕉皮革

除了制作 Piñatex® 的菠萝纤维，还有另一种水果纤维也被用来制作皮革替代品。Bananatex® 材料耐用、防水，原料完全来自香蕉，不需要其他物质和化学处理。从香蕉中提取的强壮纤维经过加工，可生产出适用于箱包配饰的皮革替代品。这种有机材料是菲律宾与瑞士箱包品牌 QWSTION 合作生产的。QWSTION 品牌利用天然创新面料设计了一系列箱包。

QWSTION 品牌的香蕉皮背包和大号流浪包

MAGNETHIK 玉米皮革手提包

橙子皮革

意大利纺织公司橙子纤维（Orange Fiber）正在研发利用榨取橙汁后废弃的橙子纤维制造面料。该公司使用创新技术将植物纤维编织成可持续面料，与奢侈品皮具公司萨瓦托·菲拉格慕（Salvatore Ferragamo）合作推出胶囊系列，该系列旨在满足奢侈品时尚领域对高质量、可持续材料产品的需求。

苹果皮革

与橙子皮革类似，苹果皮革也是目前时尚界流行的皮革替代品。苹果皮革使用果汁生产中的废料，将其水合、研磨并铺在帆布上，使其成型为类似皮革的材料。苹果皮革有经久耐用、强度高、抗紫外线等优点，已被一些品牌和设计师应用于时尚手袋和配件。亚历山德拉·K（Alexandra K）和Happy Genie 已将这种材料使用在商业系列产品中。

玉米皮革

玉米是世界上种植最广泛的谷类之一。玉米被收割之后，剩余的植物废料可以被磨成粉末，与树脂和支撑树脂层的木浆混合。这种半天然的皮革替代品，坚固、耐用、功能多样，手感与动物皮革相似。秉持可持续发展理念的法国鞋类品牌 Veja，使用玉米皮革创造了 Campo 系列的素皮运动鞋；配饰设计师亚历山德拉·K 和 MAGNETHIK 在他们的手袋和配饰系列中也使用过玉米皮革。

康普茶皮革

细菌和酵母的共生菌群，或被称为 SCOBY，是一层生长在康普茶顶部的天然薄膜。这种纤维素薄膜的产生不需要化学制剂，而且成本比其他类型的皮革替代品要低得多。

SCOBY 皮革用途广泛，可以被培养成任何形状，也可以染色，而且 100% 可生物降解。它的优点是不需要缝合，可以将其通过粘贴后进行干燥处理而形成整体。未经使用前，这种材料的手感与羊皮纸类似，有半透明的外观。尽管在时尚界还没有被广泛使用，但已经有一些公司，包括 Malai 和 ScobyTec，正在开发适合主流市场的康普茶皮革。

纸皮革

纸皮革由回收纸、棉纤维、树皮和树叶混合制成，近年来被时尚界用来制作手包、背包和配件。由于这些包结实、防水、可生物降解，使得纸皮革成为动物皮革的可行替代品。

奢侈品包领域的著名品牌葆蝶家使用日本构树皮提炼而成的和纸制作编织的手拿包。这款精致的散边包采用了该品牌标志性的编织技术、丝绸衬里和时尚的黑漆五金，为可持续产品建立了新基准。

伊尔维 · 雅可布（Ilvy Jacobs）和其他设计师也在使用纸质皮革来创造更有触摸质感、更有引领性的可持续时尚手袋。

树皮皮革

树皮皮革由可持续快速生长的木材制成，类似于软木皮革。每一块树皮皮革都是独一无二的，有天然的独特木纹，而且坚固、耐用，有足够的弹性可以进行缝制。它可以被剖成非常薄的皮层，用于制作衣服、手袋和鞋子。如品牌 ATLR RSVD，已经使用树皮皮革来设计他们的斜挎包系列。杜嘉班纳也将这种材料用于品牌的时尚手袋和鞋类系列。

左图：葆蝶家的纸皮革手袋，秋冬 2012—2013
对页：杜嘉班纳的树皮包，秋冬 2013—2014

椰子皮革（Malai）

椰子皮革是由印度椰子行业在做椰子水时产生的废料制成的皮革替代品，生产过程与康普茶皮革类似。椰子皮革材料的薄片来自椰子水废料中产生的细菌纤维素，其可以进行干燥和染色处理。这种材料兼具类似纸和皮革的触感，被用来制作室内产品、包袋和配件。

葡萄皮革

VEGEA公司在可持续面料生产领域中屡获殊荣，他们使用无毒和无溶剂的方法，用葡萄酒废料制造皮革。

他们从葡萄皮、葡萄茎和葡萄籽中提取纤维和植物油，生产出100%素皮革，具有动物皮革的特性。葡萄皮革在生产过程中不添加水和油，对环境没有负面影响。葡萄皮革有葡萄酒的天然色调，如胭脂红、波尔多红和勃艮第红，还可以将其压成动物皮纹样，如鸵鸟皮纹和蛇皮纹。这种皮革也可进行商业量产。H&M等品牌与VEGEA合作，用葡萄皮革来制作素皮鞋包。法国品牌Maison Peaux Neuves也将这种来自意大利的葡萄皮革应用于其系列产品中。

植物超纤麂皮（Ultrasuede® BX）

1970年，日本纺织品制造商东丽（Toray）创造了一款名为Ultrasuede®的合成材料，目前该材料已被用于室内设计、汽车和时尚产业。为了满足人们希望利用废料，制作出更绿色环保的合成材料的需求，东丽创造了世界上第一款使用植物原料制成的仿麂皮无纺布。与原来的Ultrasuede®不同，Ultrasuede® BX的原料中含有30%的植物基材料。材料中还含有从废弃甘蔗中提取的聚酯和从废弃蓖麻油中提取的聚氨酯。这使得这种绒面材料具有柔软的触感，更耐用也更抗污。

111

5
Product
Development
产品研发

对所有设计师来说，看到自己的设计从图稿变成三维实物，是最激动人心的时刻了。在此之前，从设计到产品落地，需要经过一系列的测试、反馈和问题完善。

成熟的设计师需要了解产品开发的全流程，产品如何从一个概念到实现市场化，平面图稿如何能更高效地变成三维实物，这都需要经年累月的技能和经验积累。

在没有实战经验之前，设计者往往会画一些版师和工艺师无法实现的款式。但经过不断练习，在画图阶段就可以解决这些箱包结构问题了。

实现产品成功落地的关键，就在于对生产开发过程的熟悉，设计师并不需要为了实现产品而妥协自己的设计理念。

产品研发不容小觑，对成熟设计师来说，最行之有效的技能，就是知道如何把二维图稿上的设计理念，变成三维实体的、可完善落地的产品。

从图纸到箱包产品

经过历代传承，

箱包配饰在手工制作工艺方面已十分成熟，

但在现代工业生产中，制造方法却不断革新。

一些现代工艺，如3D成像、3D打印和激光切割等，

都已经融入工厂制作样品和大规模制造当中。

尽管设计师不需要对每个技术环节都负责，

但必须熟识制造路径，

不管是匠人的精湛手作，

还是工厂量产，都要反复多次确认生产流程。

与进行设计和选择材料的阶段类似，设计师也需要不断调研产品是如何被生产出来的，以及哪些步骤是必须要进行的。即使有技术团队的支持，设计师对产品开发过程的了解还是越多越好。这可能意味着需要重新开发传统工艺，并重新评估这些工艺是否适合当代的观众。古籍档案、专业藏品或古董，都是在产品开发过程中好的调研对象，能够帮助设计师理解制作过程。许多品牌都有档案馆，包括像意大利佛罗伦萨的菲拉格慕博物馆，里面的档案是向公众开放的。除了"鉴往"，设计师还要"知来"，要对当代和未来发展进行调研，并要考虑这些调研信息将如何影响当前的实践操作。研究过程可能涉及拆解箱包配饰的实物，以便更好地学习产品是如何从平面版型变成三维实体的；还要观察包内使用的辅强材料，弄清各种辅料之间的差异；研究所使用的五金件，商标的位置，以及他们是如何固定在箱包产品上的。要多多学习其他领域的工艺和制作流程，看看是否能够应用于时尚箱包配饰。

那么，产品研发要经历哪些阶段呢？虽然其过程因包而异，因风格而异，但基本步骤可以总结为以下几步：

1. 完成设计

2. 采购包身外部材料

3. 采购零部件、织物衬里和辅强材料

4. 确定装饰细节

5. 草拟版型

6. 制作第一个样品（原型）用来测试设计概念和产品开发过程

7. 微调并完善设计，完成整个或部分的样品制作

114

8. 制作适用于生产的最终样品

在设计研发阶段，用 1/4 或 1/2 比例制作的 3D 小样，与制作 1:1 尺寸的样品相比更省时间，是解决箱包上问题的好工具。（见第 82、83 和 123 页）。

一旦确定了包袋系列的最终设计，其中的标志性单品（体现品牌调性和价值的作品）通常会被第一个制成样品，并且这件产品是最能体现工艺难度的。

产品系列是由结构工艺、材料、细节和颜色串联起来的，所以标志性单品上所使用的工艺和细节能够集中展现系列中其他产品是如何解决同类问题的。

准备工作

箱包配饰是根据工艺技术图上的平面版型进行裁片，再缝合组装而形成三维廓形，因此工艺技术图或技术包中的信息是否清晰明了，直接决定了版型是否能裁切准确。

包袋不像鞋子，是根据现有脚型或"鞋楦"而制作，包通常不存在现成的内部结构，除非成型或者抽真空工艺（将塑料片加热并拉伸到一个实体上加工成型），所以包袋的设计及制作更为复杂一些。包的结构是依据版型剪裁下来的裁片进行缝合而形成的空间。不同的材料和缝合方式让包体变得挺实或者软榻。通过侧片（又称横头、堵头，是在包前后幅之间的裁片，用来扩大包体空间），折叠或打褶，创造出包内体积，也就是让包成为一个容器。就算是像钱包这样的平面配件，也有小侧片、内袋或者做成的几折钱包，用来盛放更多物品。

在打版和组装缝合之前，需要确定材料，因为材料会影响打版方式和缝份宽窄，从而影响缝合之后的结构。在这个阶段也要好好选择五金件，不单从功能考量，因为五金件是体现包袋品质感的重要因素，它是"包上的珠宝"，不仅展示了产品审美，刻着 Logo 的五金件也有品牌宣传的作用。

所以五金件的重要性绝不低于包的款式或颜色，不要包都做完了才去考虑。由于五金件增加了产品的重量和厚度，并需要装配到包上，所以在设计环节就需要考虑。

定制的五金件应该提前做好样品。独立或较小的设计师工作室可能很难定制五金件，因为生产成本高，又很费时。如果使用标准尺寸的现成五金件，应在制版前就订购好。五金件有不同的镀色和表面处理，会对产品整体外观产生巨大影响，也可以与定制的其他部件结合使用来降低成本。在裁切背带、扣件和翻盖之前，要明确五金件在这些部件上的位置。

麂皮肩包，肩带和正面有装饰性五金件细节

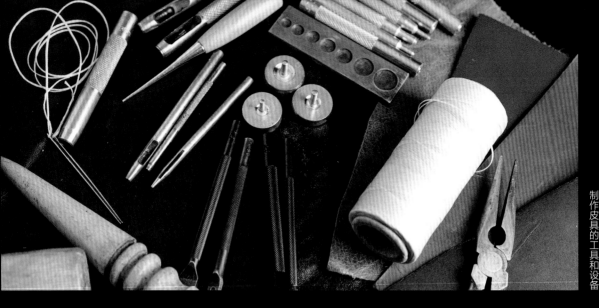

工具设备基础知识

在制作皮革或类皮革材料时，需要一个通风良好的车间或工作室，以及专业的工具和缝纫机。一些手工难以完成的缝纫工作可以交给缝纫机。

下面列出的是手工打版时常用到的一些基础工具：

锥子：锋利的尖端可以在皮革和材料上钻孔。

修边工具：用于柔化皮带和带子的切割边缘，使其看起来更美观。

牛骨整形刀：用于对缝合后的缝份进行折叠和压平。

黄铜笔刀：手工裁皮刀，用于自由裁切，也用于手工削薄（减薄皮革的厚度）。

切割垫板：用于保护工作表面，切割垫板有各种尺寸和材料。

分规：形似圆规，有两个可调节的金属臂，用于在版型边上增加缝隙（额外的宽度），以便后续的缝合。

皮带尾斩：用来整齐地切割和塑造皮带和背带的尖端和末端。

手工削薄刀：用于削薄皮的厚度。

皮革剪刀：有锯齿状刀片的剪刀，防止皮革和类似皮革的材料在切割时滑落。

手工锤：一种锤头由木头或尼龙制成的锤子，用于锤平接缝。

钳子：用于夹住物体的手工工具。

斩：用于在皮革上打孔，以便手工缝制。

旋转打孔钳：滚轮上有不同大小的孔的打孔器，用于表带细节、铆钉和气眼的打孔。

单孔冲：一种传统的手工打孔器，只有一个尺寸的孔，用于功能性或装饰性用途。

钢锤：安装扣袢和铆钉的工具。

钢尺：金属尺子，用于在纸上和皮件上切割图案。

裁条器：一种内部有刀片的手持式设备，用于准确地切割长条形的皮带作为包的背带。

1. 包身
2. 提手带
3. 贴袋
4. 底部加固条
5. 包边
6. 按扣开合

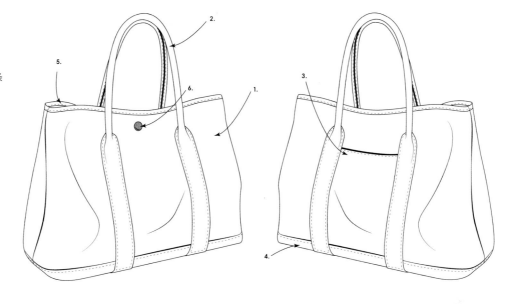

手提袋的结构图

打版

在设计阶段，就要对生产难度大的部分进行大量的实验和模型试做，同时对选定的材料进行基本测试，观察其对热、胶水、机缝或手工缝制和削薄的耐受。即使是简单的包款，包也是由多个部件组成的，而且不同款式之间的部件也不尽相同，所以设计师应通过不断的练习，熟悉包款的关键版型。上图显示了一个手提包的版型结构。

打版（绘制版型，通过版型裁出皮革或布料裁片，缝合裁片制作包袋）是产品制造过程的核心。这个过程将决定手袋的比例、结构以及所使用的缝合方式和细节，每一步都会影响版型的形状。版型

是向工艺团队传达信息的第一步，是决定如何从平面纸版形成三维原型的。首先，设计师必须确定袋子的比例。一个快速的方法，是用卡纸 1:1 绘制包的正面，包括上面的元素：口袋和翻盖，并且拿着这个模版在身体上比画一下。这个方法可以帮助设计师决定包是否需要加大或改小。箱包通常有一些标准尺寸，而公文包可能需要特定的尺寸，来满足功能性或成本限制。一些颇具实验性的比例尺寸，通常和创新款式或某些有特定设计方向的设计师联系在一起。扩大或缩小包的尺寸，会让箱包看起来更具创意，也更能从竞争对手的产品中脱颖而出。调整比例还可以应用于系列产品设计中，如化妆包可以通过放大比例，变成托特包或手提包。

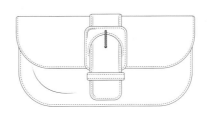

包袋形状的不同比例的设计图

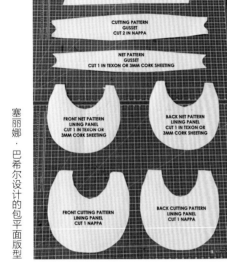

塞丽娜·巴希尔设计的包平面版型

打版使用精确的测量尺寸，还要预留缝合的缝份。在下料制作样品和大货之前，必须对版型进行检查，确保版型之间是能完美吻合的。在样品制作的准备阶段，需要用卡纸或者纸制作简易的1:1尺寸原型来检验版型，并在原型上确定背带和扣袢的位置和宽度。

初样

初次打样的阶段，是向设计团队和产品开发团队所有成员清晰展示一件单品设计或一个系列设计的真实实物，并确保所有人都能了解成品的外观是什么样子的。原型的第一个样品展示了成品包袋的潜力，是否能据此开发出更多不同色彩、材料和不同比例的同款产品。如果所有准备阶段的工作都顺利完成了，那第一个样品应该与工艺文件包中的工艺技术图十分相似，但此时仍有余地对设计进行微

调和再试验。

即使设计师和产品开发人员有多年的丰富经验，也很难在做第一个样品时就十分完美，样品不可避免地会有比例、细节或结构线方面的调整，或为了改善包袋功能性，适配人体工程学，以及降低成本而对设计进行改动。

样品制作价格不菲，所以为了降低成本，最初的样品可以用白坯布、毛毡（可以削薄、塑型或像皮革一样不做边缘处理）或皮糠纸（一种工业上常用的皮革替代品，用于原型制作）。

在初样品完善之后，在生产大货之前，需要使用正确的材料（和成品相同的材料）来制作样品，正确的材料也包括辅强材料和里衬。所选材料是否合适也要好好考虑，材料必须与要制造的包袋类型相适配，并在制造过程中尽量避免意外情况的发生。更重要的是，材料之间需要互相兼容，且有相

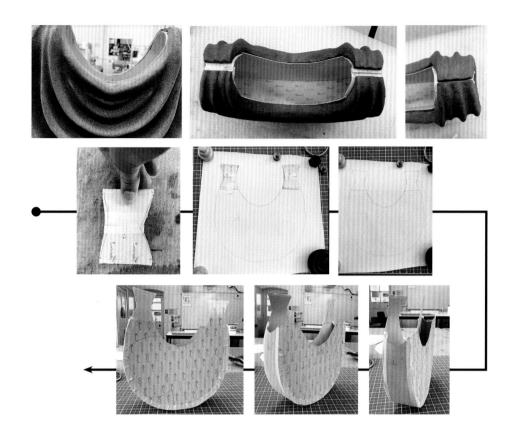

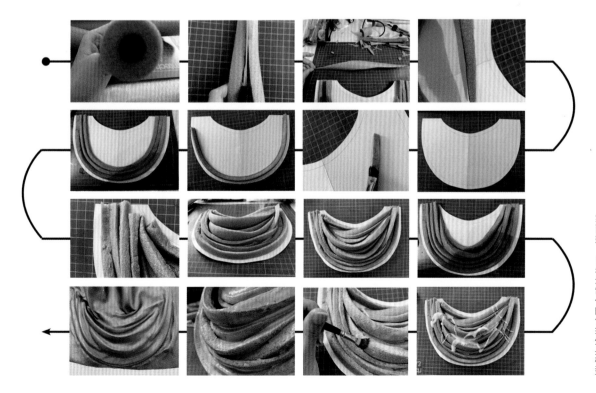

塞丽娜 · 巴希尔制作的包袋外身模型

近的使用寿命。还有产品拆解，在产品打样时就要解决以下问题：这个包袋在其寿命结束后会发生什么？将材料拆解分离之后，进行回收或再利用的难度有多大？

箱包结构

选择怎样的箱包结构，是产品研发过程中需要重点考虑的，包括边缘如何处理，使用哪种缝合方式，包体的结构类型（一片式、两片式还是多片式），以及装配顺序。

• 边缘处理和缝合方式

箱包产品有多种不同的边缘处理和缝合方式，每种都有自身特点，最主要的有三种，包括散边（毛边）、车反和对碰，不同的缝合方式会在包上呈现不同效果。在一个产品上，可以使用一种或多种不同的边缘处理和缝合方式，采用何种方式，取决于箱包的风格、功能、材料、成本和制造难度。

散边（毛边）：包上外露的未经处理的皮革边缘。这种边缘处理方式适合较厚的植鞣皮革，可以作为显著的设计特征。散边可以进行打磨抛光，在中古产品上比较常用。散边也可以封边，以延长产品的寿命；或者进行染色，可以染成比皮面更深的颜色或对比色，更适合高端时尚箱包。许多皮革的替代材料（如针织梭织材料），边缘无法切割得非常整齐，所以也不能做成边缘是散边的产品。清爽整齐的包体结构，也能减少厚重感和体积感，所以在打版时，即使皮革可以片边或通片，也要考虑尽量减少多个裁片在同一地方交汇缝合。当然，将皮革片薄，缝合起来确实会更容易。

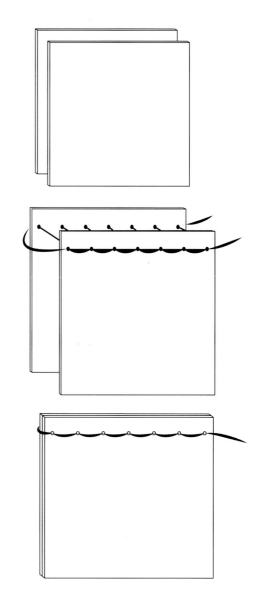

缝制原边的接缝

车反：这种缝合方式与服装上常用的缝合方式类似，所有的缝合线都在内部。车反可以让产品外观显得整齐精致，而且皮革和皮革替代材料都可以使用这种缝合方式。车反缝合前，要削薄皮革边缘，车反缝合之后可以用胶水固定缝份，再把材料翻过来。当然车反之后两个裁片也可以合在一起，在表面压一条缝线，或者对缝份完全不做任何处理。

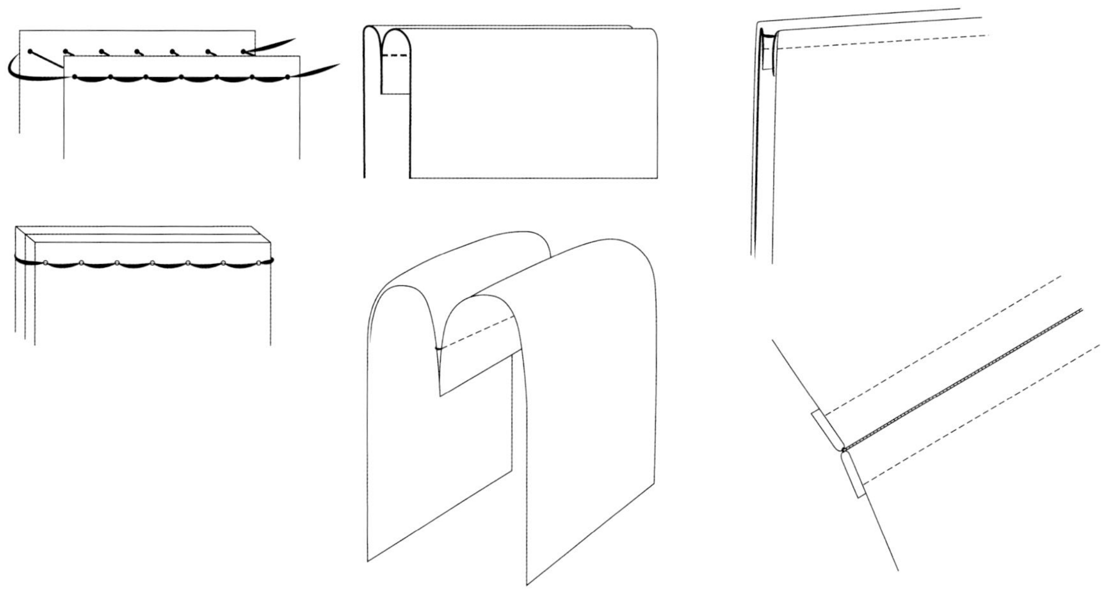

缝制翻边的接缝

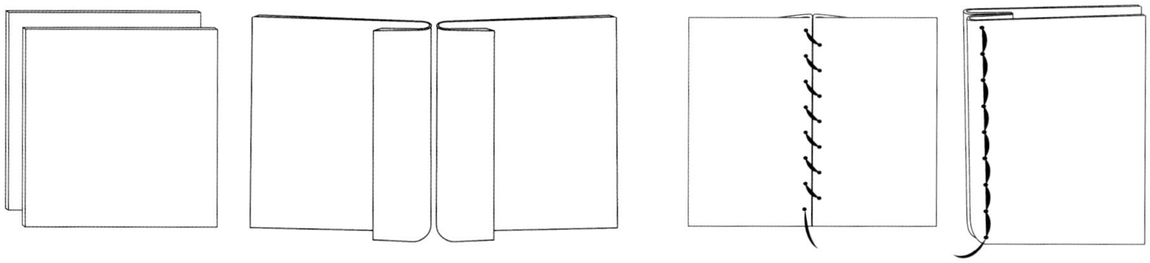

缝制翻边的接缝

中驳车反襟线 / 中驳车反分粘襟线： 即先将两个散边边缘缝在一起，然后将缝份按平，缝份可以用胶粘住，之后在正面缝份两侧分别压两条缝线。这种方式适用于较软的皮革和绒面革。较硬的植鞣皮革，纹路很深的压花皮革或漆皮，一旦缝合就很难翻转，所以不能用这种缝合方式。

对碰： 将两块材料折边，使翻折的部分相对贴合并沿边缘对齐，再将它们缝合在一起。[一] 这种类型的缝合方式多用于手工皮具，或非常坚硬的皮革，也可用于包的特定区域，如侧片。

一片式、两片式和多片式包身结构： 一种最简单的包体结构，是用两块材料缝合而成，就像笔袋一样。这就是所谓的两片式结构，但这种结构内部空间较小，能装的东西很有限。

[一] 译者在实际生产中见到的对碰与书中所述略有不同：先将两块材料的边彼此相邻紧贴在一起，然后在接缝处放一块垫料，再将垫料与两块材料胶合并缝合在一起。　——译者注

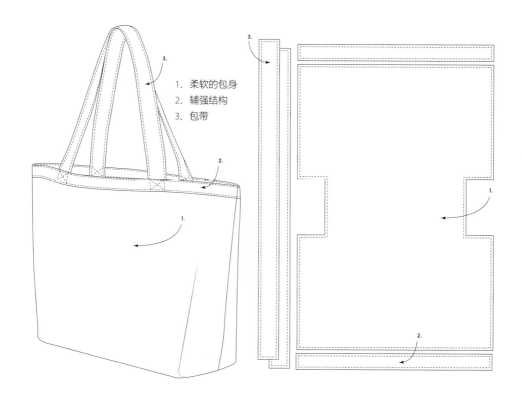

1. 柔软的包身
2. 辅强结构
3. 包带

一片式结构的托特包和其版型

版型是一片式的包，可以通过做出包底座的方式增加包的容量。一片材料对折之后将两侧缝合，再将侧缝对齐底面中线压平，沿侧缝和底面中线的垂线压线，会形成一个小三角形的结构。这一步骤称为"打脚"或抓角，使得一片式原有的扁平包身有了体积，底面可以"坐"在平面上。最常见的一片式结构就是T字底包，版型展开会发现在打脚的地方是阶梯状的。当把这个阶梯状的位置缝合起来后，缝合处会呈现T字形。这种基础版型广泛适用于制作各类包款，从化妆包到托特包，也是一些结构更复杂的包的版型基础。包有底座是"卖座"的关键，因为箱包需要"坐"在货架上。

对于结构更复杂的包，包的主体和侧面可以由多个裁片组成，并且增加单独的底片，最后加上翻盖开合、口袋、提手和肩带。需要注意，包是要背负在人体上的，包有靠近身体的内侧面和远离身体的外侧面，还有顶面、底面和侧面。另外，口袋、扣袢、肩带、手柄和五金件的位置都必须考虑和人体的关系。这样才能做出实用、好看，且符合人体工学的箱包。

● 组装

制版完成后进行下料，然后考虑组装的顺序。每一个组件的先后顺序要考虑清楚再进行缝合。组装顺序并不总是显而易见的，如在缝合两侧片之前，可能需要先缝合拉链。另外，样品研发和实际大货生产在实操过程中还是有区别的。产品原型和第一个样品要明确组装的顺序，以及哪些部件要在相关位置上进行连接。

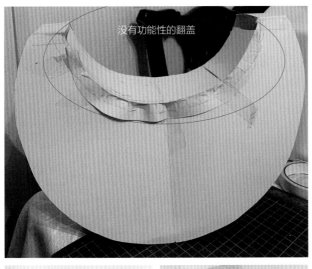

没有功能性的翻盖

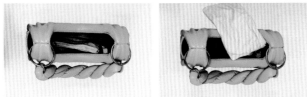

塞丽娜·巴希尔对样品进行修正

最终样品

当第一个样品生产出来后，设计师就需要仔细评估样品是否需要改动。可以用美纹胶带贴在产品的表面，在上面画出需要修改的地方，或者打印出包各个视角的照片，在照片上画出如何修改。这一阶段，所有的细节都要最终确定，不再做更多新的尝试。为了与制造商有效沟通，产品研发团队需要设计师提供关于箱包美学风格、功能和人体工学的清晰说明。

最终样品要落实之前的所有修正，并尽可能地接近成品。根据箱包公司或品牌的不同属性，来决定包样品是由公司内部自行制作，还是由外部制造商制作。通常的做法是，制作一个工厂终样作为大货生产样品，然后根据该样品进行大货生产的质量、功能和成本评估。

可持续制造

时装产业每年都要用掉数以亿升的水进行生产，

还会造成水污染。

数以百万计的服饰产品运往世界各地，加速了全球碳排放，

大量的纺织废弃物和塑料纤维要么被焚烧，

要么被送往垃圾场，又或者最终被扔进我们的海洋。

很显然，时尚产业既不能再用这种不可持续的方式消耗资源，

也不能再助长过度消费。

快节奏的设计周期和廉价商品的制造，

都助推了时尚产业的快时尚模式。

这不是时尚周期是否应放缓的问题，

而是行业何时能重塑自己，成为一个可持续的循环系统。

时尚产业是世界第三大制造业，鉴于可持续发展的需求，亟须重塑行业，以更环保的方式进行产品的设计、生产、销售和再利用。现在的消费者越来越关注产品的原产地在哪里，生产条件如何。如何让消费者改变消费心理，让他们意识到购物选择也会对环境产生影响，是设计师的重要工作之一，需要将可持续设计实践纳入产品制造周期中。在设计、研发、制造、产品使用寿命和供应链中探索新技术，是创造可持续时尚产业系统的关键。

如果一个包是由皮革制成的，需要考虑以下问题：

• 在饲养动物获取生皮并将其鞣制成皮革的过程中，有哪些伦理道德方面的问题需要注意？

• 时尚品牌是否使用可持续来源的原料或回收纤维？

• 产品是如何制造的，制造者是谁？

• 参与供应链的所有工人是否都获得了公平交易的工资，并有安全的工作环境？

• 时尚品牌是否考虑了对环境的影响？该品牌是否在努力减少浪费、能源消耗和碳排放？

• 时尚品牌是否通过慈善捐款或支持社区活动对社区做出贡献？

• 产品的生命周期结束后会发生什么，如何将其拆解和重新利用？

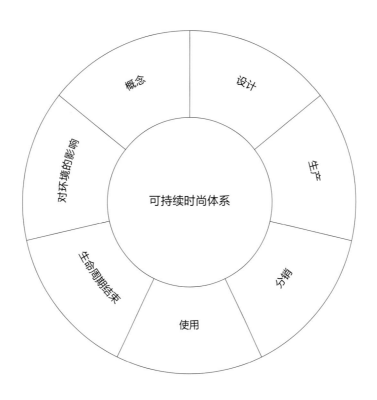

可持续时尚体系

概念 · 设计 · 生产 · 分销 · 使用 · 生命周期结束 · 对环境的影响

左图：BOTTLETOP 品牌的 Luciana 回收易拉罐拉环包

上图：美国生物技术初创公司 Bolt Threads 的 Mylo™ 蘑菇皮革包

在爱马仕车间进行封边和抛光

使用寿命

一些品牌在制造某些特定皮革方面是专家，并在手工皮具方面有极高造诣，对皮具结构和工艺的运用得心应手。这些技艺会持续多年出现在品牌系列中，创造出标志性的设计风格和结构，让产品经久不衰。

最有代表性的品牌便是爱马仕（Hermès），品牌成立于 1837 年，以制造马具起家。爱马仕以其精湛的工艺和严格的制造标准而闻名。品牌工作室雇用了数千名皮革匠人，每个匠人要花两年时间学习各种工艺，这些工艺已经沿袭了百年之久。

每位匠人在学习期间都由一位工匠大师监督，确保生产的每件产品都完美无瑕。一个工匠用爱马仕经典的马鞍针法，要花 15~24 个小时缝制一款经典箱包。马鞍针法要用一段长的上蜡亚麻线，线两端各连接一根针。缝制前，要先在皮革上打出针孔。两根针相对，穿过同一个针孔，形成连续的线迹。马鞍针法需要持续交替穿插出入针，缝出一条连续的直线。与机缝不同，马鞍针法不会在线上产生应力点，更坚固耐用；即使缝线在某处断裂，其他地方也不会开线。

皮革下料后，由一名工匠从头到尾负责一个包直至完成。

包内会刻印上车间编号、生产年份和工匠的序列号。如果包在使用过程中损坏，客户可以把包寄送给当初做包的工匠进行维修。

工匠们需要学习并掌握爱马仕核心款式（如凯利包）制作所需的所有工艺。这些工艺在爱马仕其他包款上也被广泛应用，所以掌握核心款式的制作工艺是非常必要的。所有包都是手工缝制和手工削薄的。裁片之间的缝合全部使用双波浪骑马针法，包上所有的缝线完美统一。缝线要用锤子压平，使其触感光滑，包未处理的边缘要用砂纸和烫边工具进行抛光，去除多余胶水，形成平整光滑的边缘。

包做好之后，会在皮革表面涂上蜂蜡用来防潮，上蜡也会使包的表面触感更顺滑。

爱马仕的产能非常有限，所以做包的数量被严格控制，以维持稳定的质量。包上的五金件，如包锁、包扣和脚钉，其上使用的金含量也始终如一，所以中古款包上的五金件和现代包上的五金件有同样的光泽。爱马仕最著名且最昂贵的包——铂金包，需要每个工匠耗费48个小时来制作。所有爱马仕标志性的手袋，如凯利包和康斯坦斯包（Constance），也需要匠人的精心制作。传统工艺和卓越技能，都让爱马仕的包经久耐用、历久弥新。

下图展示了爱马仕铂金包的结构部件，以及什么部位运用了什么手工艺。

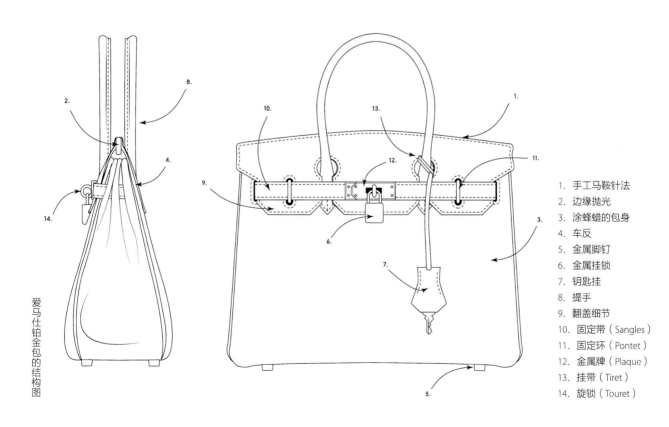

爱马仕铂金包的结构图

1. 手工马鞍针法
2. 边缘抛光
3. 涂蜂蜡的包身
4. 车反
5. 金属脚钉
6. 金属挂锁
7. 钥匙挂
8. 提手
9. 翻盖细节
10. 固定带（Sangles）
11. 固定环（Pontet）
12. 金属牌（Plaque）
13. 挂带（Tiret）
14. 旋锁（Touret）

技术带来创新

在设计和产品研发方面，有诸多方式可以让箱包配饰的生产变得更可持续和更符合道德伦理，比如对新材料的研究，以及提升人们对创新科技的认知，都是很好的选择。皮革鞣制对环境的影响不言而喻，但一些环保鞣制的技术创新已经被成功研发并已开始商用。ECCO 皮革公司是世界上最大的制革公司之一，已经在可持续皮革生产方面获得了领先优势，其 DriTan™ 皮革采用突破性技术，利用皮革本身的水分进行鞣制。用这种方式鞣制的皮革，在质量、特征、稳定性和加工时间方面，都与传统皮革鞣制无异。这种技术不仅节约大量的水，也大大减少了在传统鞣制过程中产生的潜在有害废水。

箱包配饰制造过程中，另一大造成环境污染的原因就是胶水的使用。辅强材料会被胶水牢牢粘在皮革上，在箱包使用寿命结束后，很难将其分离，材料就无法进行回收再利用。传统的溶剂型黏合剂对环境和人体健康都有害，新一代水基黏合剂对环境影响较小，已被开发供工业使用。新型环保黏合剂对人体和环境的伤害都很小，并且在黏合过程中用量也更少。这些黏合剂不易燃，也不会散发像传统溶剂黏合剂一样刺鼻的气味。

新材料的开发方兴未艾。食品和农业的天然废料被加工成各类皮革代替材料，如咖啡渣、水果、木材和纸浆（见第 103~111 页）。

现有的合成材料，如橡胶和塑料，也被重新利用、回收和重新开发（见第 101~112 页）。

时尚界各个市场层级的设计师和品牌，都在尝试减少浪费问题，尤其是裁片下料后产生的废料。零浪费的理念让"减少、再利用和再循环"的方法根植于设计实践和产品研发中。在材料方面，裁片在皮革上被切割下来后，每个裁片之间的剩余料是最主要的材料浪费。在皮革上对纸格的排布进行微小调整，可以最大限度地减少材料浪费。每张皮革都不尽相同，因为皮上的伤残等原因，一张牛皮可能会被浪费掉近 50%。然而，可持续理念在一些传统的皮革下料方法中也有所体现。在包和配饰的制作中，手工下料可以通过调整裁片位置，让裁片中间的小边角料也可被利用起来，制作一些小皮件。

在设计箱包配饰时，设计师和产品研发人员还需要仔细考虑如何设计和制作产品使其更易被拆解。可拆解设计已经逐渐变成共识，在设计之初就要考虑。设计方式会影响包的拆解和重新利用，甚至是面辅料组合这种看似简单的设计决定，也会对箱包是否能顺利拆解产生很大影响。使用纤维混纺的辅强材料和里衬，会使箱包的材料回收更加困难。例如，可拆解的 100% 纯棉材质里衬，要比合成混纺面料更容易被再利用。

在制版阶段，版型对应的裁片越大，箱包就越容易被再利用。减少版的数量，可以减少拆解包的时间，而且因为需要切割和缝合的部件更少，也会减少最初的生产成本。包中的不同部件，如五金件，像钩扣、锁扣、气孔、脚钉和拉链等，一般都由不同的材料组成，在箱包拆解后很难被分类。在水洗标上准确地列出材料，有助于拆解和回收。

3D 产品可视化系统，可以完全取代第一次制作原型样品时所耗费的人力、物力、财力，有望对产品设计、研发和制造产生质变影响。

XYZ 的格莱特（Gretel）3D 打印包

3D 打印技术现在十分成熟，商业打印服务也变得越来越精细和方便，可用的材料也越来越多，包括塑料、金属、陶瓷和橡胶等。这种被称为 " 零浪费 " 的打印过程不会产生任何废料（因为打印所需的材料量和产品生产实际的用料量完全相等）。

3D 打印也让产品定制更简单易得。降低定制产品和一次性产品的成本，一直是数字制造发展的驱动力。工艺精湛的奥地利箱包服饰品牌 Published By 和意大利箱包品牌 XYZBAG，都在产品中运用了 3D 打印，将传统工艺与数字技术相结合，创造出独具匠心的时尚箱包。XYZBAG 品牌使用尼龙粉末，可供客户打印自行定制包款。

从更智能、更环保的材料到减少制造浪费，从跟踪产品的整个生命周期到监测销售量以控制制造量，科技在建立更可持续的时尚系统中的作用已十分显著。技术已经为新一代的数字设计师铺平了道路，他们的目标是在虚拟环境中进行设计。

6

Technology and Design

技术与设计

在利用数字工具方面，时尚界要比其他行业慢一些。到目前为止，实物产品在时尚领域仍占主导地位，而且自21世纪初以来，快时尚已经成为行业共识，即以快速低成本批量生产高级时装，这种时尚模式导致了过度消费。时尚行业的发展一直备受关注，暴露出来的隐疾也越来越多，如伦理道德、可持续发展、浪费，以及设计、打样、实物生产方面过高的时间和经济成本。一些品牌正在尝试数字化解决方案，打造时尚行业新模式，方兴未艾的"非实物时尚"成为新趋势，将数字化融入创意和产品研发的各个层面。

全新的数字工具，为设计师提供了更多机会来探索创意新领域，包括打样更物美价廉，生产流程更简化，以及可持续生产发展等方面。这些都使得品牌对消费者的需求能及时做出反馈，同时遏制过度消费。消费者可以通过数字界面，用与以往不同的方式了解时尚品牌。新的数字工具吸引了新一代的设计师，他们是数字原住民，大部分时间都沉浸在科技之中。

数字时尚设计师

数字时尚设计师的目标是在虚拟世界中，
探索和创造全新的设计模式。

通过数据库和数字工具——如人体扫描，3D 制版，可视化、渲染、原型设计和打印系统，以及增强现实（AR）和虚拟现实（VR）——数字设计师可以创造出与实物无异的时尚箱包和配饰。数字时尚设计师还可以通过合作，创造和定制全新的个性化一次性产品，成本远低于手工制作。

与以实物为依托的设计师一样，数字时尚设计师同样需要有创意才能，全球文化知识体系，以及对时尚趋势的敏感度，但他们所处的创意环境可能与传统设计工作室不同。就像设计师与传统的制版师或工艺师合作完成实物产品一样，数字设计师会和游戏、电影或科技专家一起工作，因为数字世界包含了很多学科和行业的创新要素。在数字设计工作室中，设计师需要和他人合作，探索和试验海量的灵感和创新方法，以数字方式创造产品，并通过数字平台将品牌与消费者联系起来。数字时尚设计师精通所有主流的绘图和可视化 CAD 软件，对图像有洞察力，可以从一个数字界面无缝衔接到另一个数字界面。数字时尚设计师还关注科技新发展，并善于考量如何将这些技术应用于时尚设计和产品开发。

美国设计师汤米·希尔费格（生于 1951 年）是最早认识到数字设计重要性的人之一，他将 3D 设计技术引入所有设计团队，实现了从想法到成品的全数字化。该品牌研发了一套数字工具，包括数字图案、颜色和材料库、数字 3D 演示工具和渲染技术，将所有设计和样品生产过程虚拟化。品牌系列通过 3D 数字形式展示，简化掉一些中间过程，包括在纸上进行绘图和实物样品制作，这使得样品制作进程加快了 50%。除了 T 台秀款和门店产品外，没有其他任何实物产出，最大限度地减少了时间、资源和经济成本。汤米·希尔费格与史迪奇学院（Stitch Academy，一家致力于在时尚行业嵌入 3D 思维的技术孵化器）合作，开发了人才培养系统，包括数字设计师、制版师和视觉设计师，服务于所有品类产品的设计研发制作。

3D 成像最具里程碑意义的突破来自哈尼法（Hanifa），是由阿尼法·姆温巴（Anifa Mvuemba，生于 1991 年）设计的刚果时尚品牌。哈尼法在社交媒体的处女秀中使用了没有模特的 3D 虚拟服装。目前，哈尼法的配饰系列包括珠宝和鞋，推出包袋产品也指日可待。

时尚包袋和配饰中的智能技术

创意设计融合数字技术已不再是新闻，
时尚箱包配饰便是两者之间的交叉领域，
备受科技专家关注。箱包配饰可以实现产品个性化，提升产品功能，
并反映生活方式的变化。
其中最主要的智能技术是智能手机和箱包之间的连接，
——将时尚和手机充电功能相结合。
最早的成功案例是拉夫·劳伦的瑞奇包（Richy Bag），
包袋外观是传统工艺的皮包，配备了 USB 插孔可为手机充电，
开启袋口还会启动 LED 照明。
这种科技的巧妙运用，为箱包配饰搭载更多智能功能铺平了道路。

艾米·罗森（Emmy Rossum）和凯特·丝蓓（Kate Spade）与 Everpurse 合作的手袋

创新的时尚包袋

时尚箱包品牌凯特·丝蓓（Kate Spade）与 Everpurse 进行了长期合作，开发了一系列时尚前卫的包袋，包括两个托特包和一个腕包（一种用细带固定在手腕上的小包）。这些物品都有内置的智能插口，可以使用轻量无线技术为 iPhone 充电。

随着科技的进步，人们对设计的思考也不断深入，将科技和设计融合，不仅在箱包功能方面有所改善，在美学方面也有了新的发展。如今，设计师需要与不同领域的专家进行合作，创造具有更多功能的产品，其功能大多与智能手机和移动技术相关。

在环保方面，Diffus Design 创造了太阳能包，包上集成了太阳能电池，可以为手机或笔记本电脑充电。

路易威登的 OLED 电子屏包

Diffus Design 没有把太阳能电池板直接放在包的表面，而是与一位刺绣专家和丹麦的科技机构亚历山德拉（Alexandra）研究所进行合作，找到了兼具创意和实用的解决方案，同时让包袋仍具有现代美感。在包的表面，普通刺绣与导电刺绣相结合，一百个太阳能亮片（小型太阳能供电单元）收集的能量传递给包内夹层中的锂电池。在白天，太阳能单元产生的电力足以为移动设备和电池充电。在黑暗中打开包，会触发包内的光学纤维，提供柔和的散射光，以寻找包内物品。

The Unseen 是一家位于伦敦的科创公司，将科技与设计结合，创新研发了变色皮革包袋，用户的互动或环境的变化都可以改变皮革颜色。包袋对用户的反应因人而异，实现了独特的个性化定制。品牌的产品系列包括一款小牛皮背包，它能对气压变化做出反应，从而影响其表面皮革的颜色。该系列还包括一款鳄鱼皮肩包，其表面材料中添加了会根据环境变化而变色的墨水，不同季节会变成不同的颜色，冬天变成黑色，春天变成红色，夏天变成蓝色，秋天会由绿色变成红色。还有其他一些产品会根据体温、触摸、风和阳光来改变颜色。

奢侈品牌路易威登也将先进技术和设计相融合，将其标志性的老花图案包袋，嵌入可弯折的有机发光二极管（OLED）数字屏幕。这些屏幕最初是为智能手机研制的，与箱包的巧妙结合，让时尚包袋和智能手机合二为一。

包袋侧面安装具有革命性的 OLED 屏幕，其上能显示动态影像。这些屏幕是迄今为止最薄、质量最好的屏幕。这种数字成像技术与品牌标志性产品的结合，代表了新的突破，即可穿戴技术不再是奇特的发光包，或内置简单充电功能的包，而是真正将审美和科技融为一体的时尚包袋。

Diffus Design 的日食智能包袋

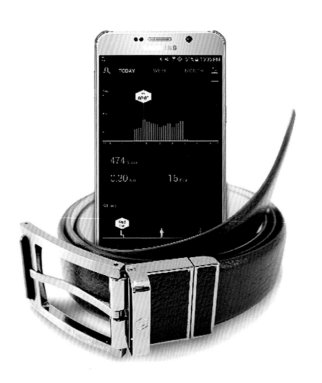

可穿戴配饰科技

可穿戴科技不局限于智能包袋。小皮具和其他配饰，如腰带，一直是设计师、科学家和技术专家的灵感来源。通常人们认为皮带的功能很单一，但现在已经变身为集医学、科技和时尚为一体的新型产品。通信巨头三星（Samsung）推出了 WELT 腰带，这是一款具有先进内部设置，可以在佩戴时监测人体活动的腰带。智能腰带可监测身体健康指标和运动情况，测量腰围、饮食习惯、运动和静止的状态。腰带搭载的应用程序会将这些信息进行综合评估，为用户推荐健康改善方面的积极建议。

WELT 腰带在数字设计领域的重要性在于，它是一款由通信公司研发的时尚产品。

增强现实（AR）和虚拟现实（VR）

在传统时尚领域开疆拓土的不只有通信公司，
游戏开发商也参与其中。
一些为游戏研发的 3D 可视化软件，
被运用在数字时尚设计和产品开发上，但这并非是单向关系。
在电脑游戏十分普及的今天，时尚品牌也通过游戏接触到更多玩家，
为其提供虚拟仿真服装配饰，
成为年轻人在虚拟世界中表达自我的新方式。

路易威登与拳头游戏公司（Riot Games）合作，为其《英雄联盟》（League of Legends）游戏设计了路易威登标志性老花图案的虚拟箱包配饰。当消费者在游戏中被虚拟服饰种草，选择在线下购买与虚拟产品同款的实体产品时，虚拟和现实世界便融为一体。与此同时，数字时尚公司（如 The Fabricant）也应运而生，开始为个人虚拟身份创建纯数字服饰。

数字技术不仅能在设计和打样方面发挥作用，也越来越多地应用在产品销售方面。增强现实（在现实世界环境中的互动体验）和虚拟现实（与现实世界相似或不同的虚拟体验）给时尚界带来了新风向，意在彻底颠覆"先试后买"的固有消费观念，在虚拟环境中真实体验服饰产品。消费者可以轻松地通过应用程序进行虚拟试穿，还能通过 3D 动画从各个角度观看产品，尤其是鞋品和箱包。虚拟技术的运用将彻底改变消费者的购买和逛街方式。英

数字时尚公司 The Fabricant 与泽乌斯（Zeeuws）博物馆合作设计的海姆德鲁克（Hemdrok）夹克。一款用 3D 技术呈现的以 18 世纪服装为灵感的现代夜店潮服

国品牌巴宝莉一直在不断进行试验，尝试将虚拟技术与购物体验融合。通过与谷歌的合作，巴宝莉推出了全新的增强现实智能手机购物工具，让消费者在购买之前就能准确了解产品的外观。使用谷歌搜索该产品，就会在真实环境中出现一个比例精确的虚拟图像。法国奢侈品牌迪奥也在使用增强现实技术，消费者可以通过智能手机试戴太阳镜。

并非只有奢侈品牌热衷虚拟技术，整个时尚产业都在发展虚拟科技。运动品牌彪马（Puma）和在线零售商 ASOS，正在开发应用程序，将为消费者提供虚拟现实浏览产品的新方式。

彪马增强现实 APP——Wanna Kicks

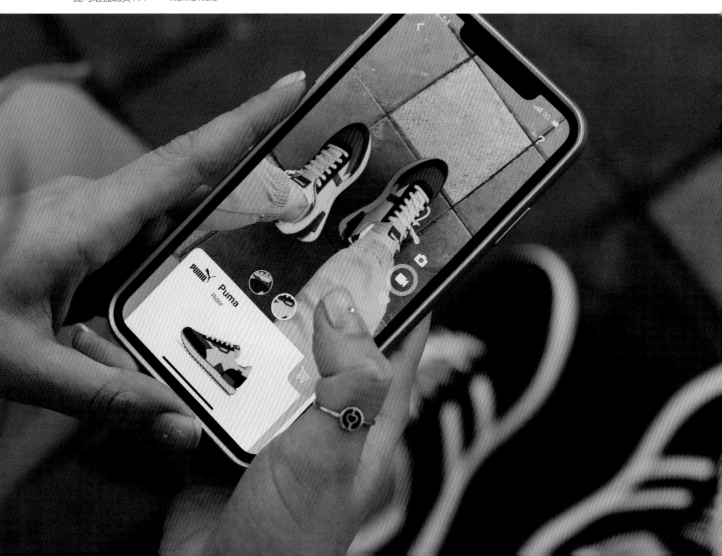

新科技配饰

人们往往通过小配饰来认识品牌，如今智能技术飞速发展，

小配饰也经常和科技产品联系在一起。

便携式科技产品作为生活必需品，

现在成了科技和设计交叉领域的宠儿，在设计和材料上有诸多创新。

对奢侈品牌来说，智能配饰是品牌获得客观利润的来源，视之甚重。

虽然这些配饰体量很小，不如标志性箱包那样惹眼，

但价格却高得出奇，所以越来越受到各大品牌们的青睐。

手机壳（手机包）

现在智能手机已经十分普及，手机配饰自成一派也就不足为奇了。手机壳是用来保护手机设备的小配饰，最早是以实用性功能出现的。制作手机壳的材料很多，碳纤维、皮革、木材、塑料，甚至是贵金属。

每种型号的手机都对应特定规格的手机壳，通常由相应模具压成单层的壳，将手机置于其中。壳的背面和侧面都有开孔，可以让手机的功能正常使用，如相机、音量按钮和开关。另外，手机壳一般都非常薄，手机可以毫无压力地被塞进去。

自从手机壳问世以来，价格一路飙升，各个品牌也纷纷将其纳入自己的配饰系列。手机壳著名品牌 Mous，已经在这一领域异军突起，其标志性的木制手机壳简约时尚，其上可滑动的木盖还可以通过模块化系统与其他配件进行连接。在设计师终端

斯迈森皮革手机包

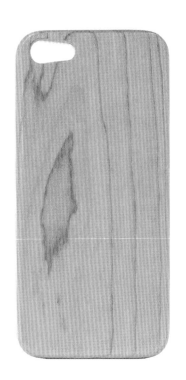

木质手机壳

市场，Hadoro、思琳和罗意威等品牌，已经推出定制化、时尚或新鲜有趣的皮革手机壳。

耳塞式耳机和头戴式耳机

自从 20 世 纪 70 年 代 索 尼 随 身 听（Sony Walkman）的问世，便携式音乐设备就催生了一系列的配饰产品，而无线技术又催生了耳塞式耳机。耳塞式耳机尺寸很小，可以轻松地被塞进包里、口袋里或时尚的耳机盒里，比头戴式耳机更便携。Horizon 耳机是路易威登的必买单品。这款无线蓝牙耳塞式耳机，是与高端音频技术公司 Master & Dynamic 合作打造的，耳机外观是 LV 经典老花图案，装在皮革充电盒中。

高品质行李箱制造商日默瓦（RIMOWA）以其铝制行李箱而闻名，与电子巨头铂傲（Bang & Olufsen）合作开发了具有前瞻性的 H9i 限量版耳机，被装在日默瓦标志性的铝箱中。耳机材料为皮革，以及与旅行箱同款的铝材料。

日默瓦（RIMOWA）与铂傲合作款耳机和耳机盒

苹果手表爱马仕

智能手表

　　手表和表壳方面的科技发展今非昔比，已经在新兴智能科技配件中占有一席之地。苹果和爱马仕将科技和传统皮具工艺相结合，合作生产了苹果手表爱马仕（Apple Watch Hermès）系列。表盘的变色显示器与皮革手表带交相辉映。表扣同样参考了爱马仕的马术用品，连接可更换的表带。

充电器

　　便携科技产品需要不断充电。与其他功能性电子产品一样，现在充电器也成了智能配饰的一员。例如，历史悠久的奢侈皮具品牌伯尔鲁帝（Berluti），也开始关注智能配饰，打造了一款精工皮革包裹的充电器。与此同时，科技品牌，如Kreafunk，也在生产外观时尚的充电器。

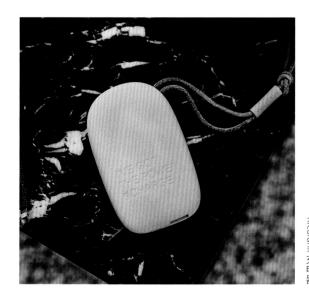

Kreafunk 充电器

斯迈森皮革电脑包

笔记本电脑和 iPad 包

有多层内部软垫和外部保护皮革的笔记本电脑包，其尺寸和小型箱包差不多，其结构通常为拉链开合的扁平文件夹式包，或者像袖套一样，能把笔记本电脑或者平板塞进去。电脑包最主要的特点在于不同的功能对应不同的日常使用场景，如出差旅行，或者电脑需要额外保护。

笔记本电脑包有各种材质，价格相差也很大。荷兰品牌 CoverBee 设计了一款价值 1100 万美元的笔记本电脑套，上面镶有 8000 多颗钻石和黑色貂皮草装饰。汤姆·福特、普拉达和玛百莉的产品系列中有更多价格适中，但仍具奢华感的笔记本电脑包。

荷兰品牌 CoverBee 的钻石装饰电脑套，套口有黑貂皮草装饰

7

Other
Accessories

其他配饰

小皮件通常放在包里或口袋里，用来装硬币、信用卡、钥匙和化妆品等物品。有些小皮件具有保护功能，如眼镜盒（眼镜和太阳镜），耳塞盒，耳机和充电器盒，笔记本电脑和平板电脑支架，以及旅行用品（如护照夹、腰包、行李牌和手表盒）。有些皮具，如箱包挂饰，也可以归入小皮件类别。小皮件作为一个产品类别，其用途从21世纪初就发生了很大变化，反映了现代人充满移动技术和科技驱动的生活方式。随着支付芯片和无现金交易的发展，支票夹几乎消失了。化妆盒也被更廉价的材料取代，皮质化妆盒也不复存在了。

设计系列产品时，设计师需要将所有产品的细节、材料或结构统一起来。很容易想象，产品越小，得到的关注就越少。从设计的角度来看，把小件产品整合到系列当中，使其和大件标志性单品拥有相同的设计DNA，确实挑战更大。材料方面也和以前不同；小皮件通常是皮制的，但它们同样也可以用尼龙和其他合成纤维制成。

扁平配饰

扁平小皮件家族的共同特点是体积很小，

基本上不需要太多的扩展能力来容纳物品。

由于体积太小，将它们融入整体包袋系列就颇具挑战，

并且因为功能单一，

很难像系列中其他大件产品一样吸引消费者。

皮卡夹

卡片盒（卡片夹、卡套）

卡片盒（卡片夹、卡套）是单一功能的产品，其尺寸比所容纳的卡片稍大一些。长方形的卡套是很多层扁平的口袋缝合在一起。这些口袋的长宽足够让卡片轻松地塞入和拔出，但又能稳稳地被卡住。

钱包

钱包的结构像是较大的卡片夹，用于存放信用卡、纸币、硬币，以及一些个人物品。钱包有多个口袋和小侧片，可容纳像硬币一样有些厚度的物品，一般可对折，用扣子固定，或沿边缘有一圈拉链。钱包曾经被认为是男士配饰，但现在男女都会用这类钱包，只是风格略有不同。

橙色多口袋钱包

护照夹

护照夹是一个结构简单的像书一样的夹子，可以放护照。其上有时有信用卡口袋，但通常功能比较单一。

护照夹

钥匙扣

钥匙套通常是由皮革或其他材料对折一下，有开合固定的小皮件，展开后可以把钥匙挂在里面。现今，钥匙套大多被更有运动感的钥匙扣所取代，通常是一条皮革折叠而成，或一个小皮片连接到钥匙链或钥匙环上。

行李挂牌

使用皮质行李挂牌的时代已成为过去，但作为时尚单品，他们一直存在于小皮件品类当中。挂牌有品牌推广的作用，还可以定制顾客照片或名字图案。挂牌通常由两片皮革缝在一起，用扣子和带子将其固定在包上。

上图：Aspinal of London 品牌的皮革钥匙扣

右图：普拉达皮革包和行李挂牌

立体配饰

小皮件也包括一些立体配饰，如钱包、化妆包和眼镜盒。
奢侈品牌会做一些大众也能负担得起的小皮件，
既起到了品牌宣传作用，又不失奢侈品牌的独特性和贵族气息。

Aspinal of London 品牌的装饰蝴蝶包包挂件

麦克斯韦·斯科特（Maxwell Scott）品牌的萨宾娜（Sabina）银色口金皮革小钱包

包包挂件

包包挂件介于传统的小皮件和科技配饰之间。虽然挂件很少内置智能功能，但它们是高度吸睛的装饰性单品，是当下最受欢迎的配饰之一。包包挂件是专门设计挂在包上的，是珠宝、钥匙圈和行李牌的混合体。很多材料都可以用来制作包包挂件，宝石、皮革和金属，让挂件可以作为收藏品，同时也是品牌宣传的好媒介。韩国箱包品牌 MCM（源于德国），在其背包和包袋系列中，采用标志性的 Logo 印花——干邑色 Visetos 图案，打造了大型箱包挂饰收藏系列。爱马仕、蔻驰、路易威登和其他许多品牌也有包包挂件产品。

零钱包和钱包

在小皮具产品中，零钱包仍是重要的一员。虽然现在零钱包的功能性已经没那么重要了，但其依然有美学价值。通常零钱包的结构是最简单的小号 T 字底结构，或是口金包，这样其内就有足够的空间去容纳一些小物品，尤其是比硬币大不了多少又需要随身携带的小东西。钱包和零钱包的区别在于大小，钱包会更大一些。然而，从功能上讲，钱包已经过时了，取而代之的是钱夹，后者可以容纳更多的信用卡、现金和个人物品。

化妆包

比钱包更大一点儿的是化妆包，通常包上带有品牌名称，而且从实用角度来说，化妆包很少使用皮革制作。大部分化妆包都是 T 字底结构加拉链开合，并有防水或可清洗的织物衬里。

眼镜盒

三个最常见的配饰是鞋、包和眼镜。现在眼镜有各种各样的款式，眼镜盒已经从理工宅男的必需品升级为耀眼的时尚单品，有各种风格和结构。

身体配饰

以前的腕包上有细带提环，能让包稳稳地挂在手腕上。随着现代人生活方式的改变，腕包佩戴的位置也迁移到手臂上，成为臂包，并常与健身运动联系在一起。臂包可以携带一些电子产品或在运动时为手机充电。根据这类使用需求，臂包在风格和面料选择上，通常采用氯丁橡胶或尼龙。

腰包

腰包是佩戴在腰上的小包，从最早放钱的腰带演变为一个小配饰。腰包一般像腰带一样系在腰间或臀部，用可调节的带子固定，这种功能性小包在 20 世纪 80 年代，被认为是解放双手的完美旅行伴侣。街头服饰的流行和运动休闲风的兴起，使腰包成了炙手可热的产品类别，从奢侈品牌到快时尚品牌都纷纷推出腰包。

T 字底白色化妆包

蒂芙尼眼镜盒和眼镜

运动臂包携带智能手机

149

鞋

人的脚，是最能让鞋品设计师心潮澎湃的设计起点。

与箱包不同，鞋是根据人脚的形状来构建的。

鞋品设计师要做的第一件事，是"重新设计"人的脚，

选择设计师想要的脚型模具或"鞋楦"，并依据鞋楦来制作鞋子。

鞋楦可以是顺应自然脚型的，或是更有创新性的，

如亚历山大·麦昆（Alexander McQueen）的犰狳（Armadillo）鞋——

是对人脚的一种再创造，体现了阴森诡异之感。

音乐人克洛波科普（Chlobocop）佩戴着路铂廷腰包

鞋楦，是用来制作特定鞋品的模型，如运动鞋或凉鞋，都有各自不同的鞋楦。除了软拖鞋之外，几乎所有的鞋子都需要用鞋楦制作。鞋楦呈现了人脚最自然或最有时尚风格的形态。鞋楦越接近人脚的自然形状，越能复刻脚上的真实特征，做出的鞋子就越舒适。然而，不同年代的时尚潮流，也影响了人们对于鞋楦的设计再造，主要体现在鞋头和鞋跟上。例如，20 世纪 60 年代的细高跟鞋，20 世纪 70 年代的厚防水台鞋，以及 21 世纪初的未来主义运动鞋。像服装一样，鞋子设计也遵循时尚轮回，并且与服装风格相统一，比如某些风格流行时大家更偏向穿高跟鞋，而另一些风格流行时大家又爱穿低跟鞋。举例来说，20 世纪 20 年代，女士们的窈窕裙装会搭配优雅的路易斯（Louis）高跟鞋，而 20 世纪 40 年代的大垫肩装扮又和粗高跟鞋更为般配。男女鞋品都有非常多的时尚款式，但总体来说，女鞋款式比男士的要多，但无论男女，都有许多功能性鞋款，如防水鞋、劳保鞋等。

亚历山大·麦昆的犰狳鞋

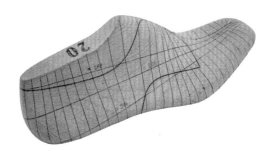

木头鞋楦

20 世纪 60 年代布雷维特（Brevitt）皮鞋广告

20 世纪 70 年代有防水台的系带鞋　锐步（Reebok）Furylite 女运动鞋

鞋品设计师的角色，部分是创意时尚设计师，部分是工程师，因为鞋子要承载身体的重量。鞋品设计师要掌握人脚的特点，脚是不对称的，脚底和脚背也不是平面，还要了解脚的行走动作，脚和鞋之间的相互影响，以及鞋子如何包脚、如何脱下。鞋子需要完全合脚，在鞋版上多出几毫米，就会使鞋子变得更舒适或不合脚。传统技艺可以做出高水平的精美手工鞋，同时，工厂使用专业机器也可以大规模生产鞋子。

像箱包产品一样，鞋子也有一些隐藏部分，为鞋子提供结构支持，维持形状和功能，例如，运动鞋的中底和外底有厚实的缓冲结构。鞋子上也有辅强材料和加固材料，在鞋头和鞋跟里面都有一片用于固定形状的材料，这样就算鞋子从鞋楦上摘下来，也能保持之前的形状。

鞋楦有不同的尺寸和跟高，每双鞋都需要用到同样尺寸和鞋跟的一双鞋楦（即左脚鞋楦和右脚鞋楦）来进行制作。鞋楦还需要与一些组件配合使用，如鞋跟、加固材料、鞋垫和鞋底。在产品研发初期，鞋楦和相配套的组件是很大的开发成本，所以设计师在设计商业系列时，要考虑创意设计和生产成本之间的平衡。

一旦决定了鞋头的形状和鞋跟的高度（平跟、中跟或高跟），就要选择鞋楦、组件和材料。

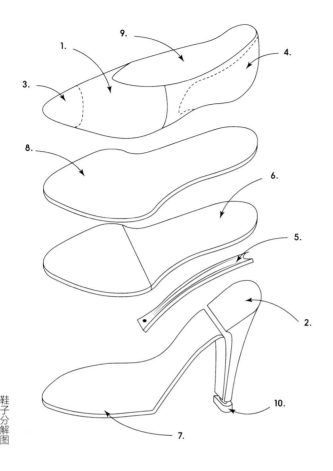

1. 鞋面——鞋子最外面的部分
2. 鞋跟——附在鞋底，将鞋子提升到不同的高度
3. 内包头——维持鞋头形状的辅强材料
4. 主跟——维持后跟形状的辅强材料
5. 勾心——用在高跟鞋中的金属加固件，从内底的后部延伸到足弓部位，用来支撑脚
6. 内底——鞋楦底的模板，与鞋面相连
7. 鞋底——鞋底部与地面接触的部分
8. 鞋垫——用于隐藏鞋底的内部结构，并提供缓冲
9. 鞋里——用于隐藏辅强材料和鞋的内部结构的部件

鞋子分解图

皮革的透气性、可塑性和耐用性，都使其成为制鞋的完美选材。鞋子也可以用合成材料和织物制成，但这些材料都没有皮鞋那样的使用寿命和透气性，而且不管使用何种材料，都必须能在脚需要弯折的部位成型，如脚趾和脚跟处。

鞋品在设计阶段也遵循时尚产品设计的常规流程：调研、构思、产品开发和调整改良，最终形成成品。相较于大多数箱包或服装产品，鞋的尺寸要小很多，所以鞋品设计师可以从画小草稿开始，并可以不断地在二维纸面和三维鞋楦之间反复修改设计。在鞋楦表面贴满美纹胶带，直接在美纹胶带表面画出设计线，就能直接旋转鞋楦，从各个角度来观察设计。也可以先在鞋楦上画线，然后再临摹成更多的纸面设计草图。要时刻记得，鞋比衣服小得多，所以设计的比例和所用的配件尺寸，必须能够舒适地穿在脚上，且满足审美需求。鞋跟的形状值得好好探索，因为这部分最能表现强烈的设计感。例如，圣罗兰的 Opyum 高跟鞋，鞋跟是圣罗兰的标志性字母组合；还有 United Nude 的 Cube 鞋。

由于鞋的专业性要求，一些设计师会专注于鞋的特定元素。例如，在运动鞋中，鞋面（覆盖在脚上的鞋表面部分）的复杂分割和 Logo 位置设计有一套完整的设计方法，而鞋底（鞋着地的部分）也有其独立的设计和制作技术。

圣罗兰的有 YSL Logo 鞋跟的黑色 Opyum 靴，搭配香奈儿的链条包

United Nude 的伊姆斯（Eamz）高跟鞋

耐克（Nike）Air Max 运动鞋

与包包一样，鞋子也有不同的样版结构和缝合方式。在制作工艺图和技术文件时，也有类似制作箱包的过程，用版型裁出裁片，把裁片缝合形成鞋面，再把鞋面绷在鞋楦上和鞋垫板组合，加上鞋跟，最后连接鞋底。

因为鞋子的体量很小，所以设计师必须"寸土必争"，将鞋子上每一个元素都视作设计点。鞋楦的形状和鞋跟，会赋予鞋子充满现代感和创新性的廓形。面料将在最大限度上满足鞋子的实用功能，并且通过色彩和表面质感来强化设计。内衬和鞋垫可以增加鞋子的重点色，也是值得设计的地方。在鞋底和鞋跟上，也可以添加装饰元素，让鞋子的识别度更高，就像路铂廷的标志性红底鞋一样。

与服装或箱包上使用的五金件相比，鞋子上的五金件尺寸更接近于首饰的尺寸。尺寸恰当的五金件会给鞋子的设计增色添彩，而且鞋上的五金件通常会展示品牌 Logo，比如古驰的许多鞋子上都使用了一眼就能认出来的双 G 五金扣。

在科技快速发展的今天，科技在鞋品方面的应用也推陈出新。像 Prevolve 公司（生产 Code 鞋）已经率先开展了"赤脚运动"，提供极简主义鞋子，让脚以最自然的方式活动。Prevolve 使用 BioFusion 技术，根据个人的脚部数据，来定制适脚的 3D 打印鞋。

以 3D 打印服装著称的设计师艾里斯·范·荷本（Iris van Herpen，生于 1984 年）和建筑师扎哈·哈迪德（Zaha Hadid，1950—2016）在 2012、2013 年与 United Nude 合作时，都曾提出畅想，可以完全用 3D 打印技术，制作可穿着的零废料鞋子。每双鞋都用坚硬的尼龙做鞋底，用更柔软的热塑性聚氨酯做鞋面。比起在真皮上切割裁片，这种方式产生的废物更少。相较于传统制鞋方式，3D 打印是更有可持续性的选择。

鞋子对环境的影响来自制造阶段，在这一过程中会大量使用由化石燃料驱动的机器。平均而言，生产一双经典款跑鞋，会产生 13.6 公斤（30 磅）的二氧化碳。鞋子的不同部分还使用了很多化学黏合剂，这些黏合剂很容易通过工厂排放的有毒废水渗入环境。废物处理，是鞋子生命周期的最后阶段，也会对环境产生影响。一旦鞋子被扔掉，鞋子在制造过程中使用的化学品，就会随着鞋子的分解慢慢渗入土壤。

路铂廷的红底高跟鞋

古驰的双 G 金属扣穆勒鞋

Code 的 Bio1 3D 打印运动鞋

眼　镜

据估计，有超过60%的人在生活中的某些时刻会戴上眼镜，
因此对许多人来说，眼镜是日常必需品。
二十世纪中叶，随着时髦的镜框被应用到各种眼镜上——
视力矫正眼镜、太阳镜、运动眼镜，以及越来越多的防护眼镜，
让眼镜成为一种酷炫的时尚配饰，越来越受到人们的喜爱。

像鞋子设计跟随服装潮流一样，不同时代的眼镜，也反映了不同时代的时尚风潮。眼镜往往是名人的代名词，如电影《蒂凡尼早餐》中的奥黛丽·赫本，埃尔顿·约翰（Elton John）、大卫·鲍伊（David Bowie）和嘎嘎小姐（Lady Gaga）等流行明星，以及哈利·波特（Harry Potter）等文化偶像，都有家喻户晓的眼镜造型。如今，每个时尚品牌的产品中都包括眼镜系列，作为整套造型的最后点缀。

眼镜作为小配饰，既是个人选择，也是一种时尚宣言。为了选择合适的眼镜，需要考虑当前的流行款式，以及自身的脸型比例、眼睛颜色和肤色。归根结底，眼镜比任何其他配饰都更能说明我们的个性和生活方式。在设计眼镜时，这些因素都要考虑，并要确保眼镜与脸部的比例能让眼镜舒适地架在脸上，让佩戴者的视线轻松地聚焦在镜片上，而不是聚焦在其他地方。男女眼镜款式都很多，但男士和女士眼镜有一些小区别：由于面部骨骼和两眼

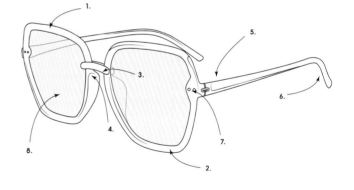

1. 镜框——用于固定镜片，让镜片处于佩戴者面部前方
2. 全框——完全包围镜片一圈的镜框结构；半框——镜框包围半圈镜片，通常是包围上半部分镜片
3. 鼻梁——镜架的一部分，将两个镜片连接在一起，横跨在鼻梁上
4. 鼻托——紧贴鼻梁下方的三角形区域
5. 镜腿——通过铰链与镜框连接，并伸向每只耳朵
6. 脚套——镜腿的一部分，可以钩住耳朵将眼镜固定
7. 销钉——固定镜框和镜腿的铰链，可以让眼镜折叠或打开
8. 镜片——嵌在镜框里的光学镜片

之间的宽度不同，男士眼镜往往稍大一些，镜框的形状也略有不同，眼镜的鼻梁部分也更长。

创建一个符合脸部标准尺寸的模板，会让眼镜设计工作事半功倍。模板应包括眼镜镜片方向的正面图，镜腿方向的侧面图，以及脚套（钩住耳朵的部分）方向的侧面图。完成模板后，可以重复打印很多份，直接在模板上画出设计。需要设计的有几个地方，比如镜框的形状——圆形、椭圆形、猫眼形或其他几何形。通常情况下，镜框由金属、塑料或尼龙制成。镜框是对称的，就像鞋一样，若多出几毫米，眼镜在脸上的位置就可能发生变化。有一些眼镜的框架是不对称，差异通常在镜框的上框。镜框的形状和宽度应与镜腿相适配；出于实用和审美的考虑，较厚的镜框通常与较厚的镜腿相连接。品牌 Logo 和名字通常也被刻印在镜腿上，所以镜腿需要有足够的宽度来承载文字和图案。

下图展示了眼镜的主要款式。

镜框和镜片的颜色要互相搭配，特别是在设计太阳镜时。有一些例子，比如镜框和镜片都是深色；深色镜框配有色镜片；镜框和镜片都是透明色；有纹理的镜框（如玳瑁效果）与透明、深色或有色的镜片搭配。鼻梁（连接两片镜片的横跨鼻子的部件）和鼻托（紧靠鼻梁的部分）应符合人体工学且十分稳固，镜架才不会从脸上滑落。镜片颜色没有什么限制，但有些更适合日常使用，如灰色、棕色或蓝色，而有一些更有新颖感，如镜面镜片，更适

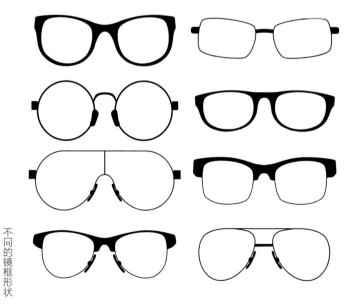

不同的镜框形状

不同的镜片颜色

合时尚单品。

　　眼镜上的五金铰链有实用功能，将镜框和两侧的镜腿连在一起。根据镜架的不同结构，五金铰链可显露可隐藏。眼镜虽小，但不同的材料，如金属、塑料、尼龙、皮革和木材，都可以用来制作镜框和镜腿。

　　可用于眼镜制作的新技术也很多，3D 打印镜框可以自定义图案和装饰，结合手工制作，来实现个性化定制。可持续材料被回收后也可以用来制作眼镜框，如再生软木、木材和竹子等。竹子是世界上生长最快的木材，由于其强度高、重量轻和结实耐用，是制作眼镜的绝佳材料。雷朋（Ray-Ban®），被誉为最具创新性的眼镜品牌，因其高质量的偏光镜片可以防止光线直接射入眼睛，并设计了徒步旅行者眼镜（Wayfarer）、飞行员眼镜（Aviator）和暴龙眼镜（Browline，镜片悬挂在镜框顶部）等经典款式，已经成为全球标准。像欧克利（Oakley®）和罗卡（ROKA）等运动品牌已经将高性能眼镜与街头服饰结合起来。虚拟现实等新技术的出现，让人们在家中或通过手机应用，就能实现眼镜虚拟试戴。人们以更方便的形式试戴和购买眼镜，也让时尚眼镜的发展可期。

罗卡功性能太阳镜

手　套

手套最开始是放在手提包中的常备小皮具，
但随着男女着装风格慢慢从正式趋向休闲，
代表社会地位的淑女配饰也失去了昔日人们的青睐。
然而，季节性和功能性的手套依然活跃在配饰产品中，
是时尚搭配中的点睛之笔。

作为时尚配饰，手套有定制的、大货生产的和奢侈品牌的产品。精致的皮革手套由掌握传统技艺的工匠制成，服务于不断扩张的定制市场。大货生产的时尚手套种类更多，有针织手套、新娘和晚装手套、时尚运动手套。高调的奢侈品牌通过 T 台秀场，激发人们对手套的兴趣。

手套有不同尺寸和材料，包括皮革、棉花和羊毛。手套款式之间差异也很大，有短腕手套、长腕手套，甚至全臂手套。由于手的解剖学结构和人手的灵巧性，手套的材料与手套佩戴起来的适手程度有很大关系。材料的拉伸性和手套的结构，很大程度上决定了这种材料能否做出合适的手套。

手部面积很小，所以手套上能够设计的部分就很少，要着重考虑如何使用颜色。例如，在手指之间，通过装饰性的缝线和刺绣来增加纹理质感，还可以使用皮革打孔（制作小的装饰性的孔洞）作为装饰。手套设计需要考虑手的不对称性，手与身体的位置，左右手的设计，以及手套的正面和背面。

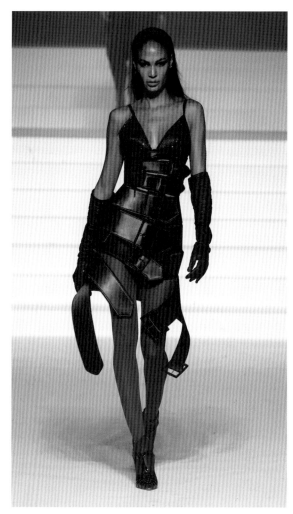

让·保罗·高缇耶（Jean Paul Gaultier）服装搭配手套，2020 春夏系列

莫斯奇诺（Moschino）手套和服装的搭配
2019/2020 秋冬系列

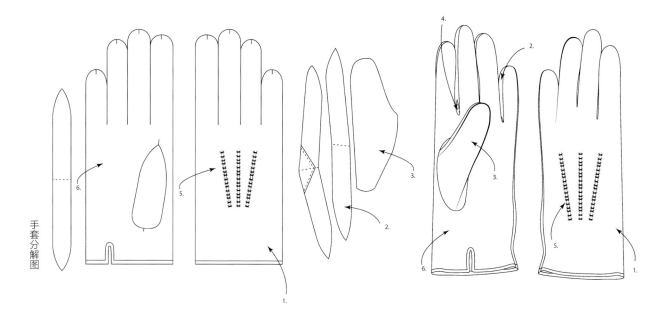

手套分解图

1. 统片——手套穿过手的主要部位，被认为是手套的前部；当戴上手套，手放在身体旁边时，统片朝外
2. 指叉片——手套的每根手指之间的侧片，以适应运动，并为手指提供空间

3. 拇指片——一个折叠的片，被缝合并插入主体手套板片中，让拇指可以活动
4. 指丫条——一个小的方形裁片，在手指根部与指叉片相连，为手指活动提供更大的灵活性，让手套更适手

传统的皮手套结构是手套制作的顶峰。制作手套需要非常薄的皮革，皮革在样版裁切之前就有拉伸性，所以这种皮革不能用于制鞋、包或皮带。传统的皮手套都用最好的皮料制成，针距大小代表了手套的质量。在制作手套之前必须要打版，要考虑手指的长度和手掌的大小，并且保证手套与手之间足够接近，但仍要留出一些间隙，以便手套可以轻松地戴上和取下。专业手套制造商在制作手套时，都要在每个版型基础上重新打草稿修改尺寸，而标准版型则用于批量生产。

为了在功能方面保持良好性能，在风格方面也能营造出精致感，手套裁片之间的缝合要么是在手套外进行散口夹车，要么是车反缝合。传统的手套手背上有三条凸起的缝合线，但有时也会在此处皮革做打孔细节。指叉部分的皮革可以使用对比色，

因为指叉部分的裁片是独立于手掌裁片的。手套的配件和五金件很少；偶尔会使用拉链、纽扣、系带、气眼和按扣，配件的使用也应服务于手套的舒适度和实用性。

设计手套时，需要认真思考手套的使用场景和相关的最新科技。例如，现在手套材料具有防紫外线功能，可以保护手部免受阳光伤害，还使用了可以直接在智能手机屏幕上进行操作的皮革材料。虽然手套受流行趋势影响的程度不如服装和其他配饰，但还是会受到一定程度的影响。例如，随着运动装备的发展，运动无指手套的设计受到一些运动项目的影响，包括自行车、高尔夫和赛车。色彩张扬的手套作为"手臂装饰"，通常与鞋子相配，又与包包形成对比，让曾经被忽视的小配饰脱颖而出。

马克·雅可布多孔皮手套和相搭配的包包，2019春夏系列

腰 带

每隔几年，腰带就会被作为时尚单品重新复活。
通常情况下，腰带就是一条系在腰部、臀部或腹部的带子，
有扣袢或松紧调节。腰带的美在于它的宽度；
它可以是一条几乎看不见的极细腰带，一条宽大的束服腰带，
能将腰身束成沙漏型，
或是一条柔软的日式和服腰带（系在日本和服腰部的带子）。
腰带或薄或厚，都可以展示出强烈的存在感。

边缘打磨光滑的黑色皮质腰带

香奈儿双 C 银色链条腰带

像许多配饰一样，腰带既有装饰作用，也有实用功能。它可以用来固定衣服或改变服装造型轮廓。腰带可以与衣服同色系，也可以用鲜艳或对比强烈的颜色作为点缀，从服装造型中脱颖而出。智能腰带为佩戴者提供健康检测功能，让科技与时尚融为一体（见第 136 页）。

与鞋和包一样，腰带和服装之间也相互关联。成功的腰带设计，是其宽度能与所穿着的服装相搭配，并可以用多种材料制作，包括皮革、梭织和针织材料。

传统的皮革腰带是裁切一条散口的长皮条，或把边缘削薄后折边。织物腰带可以使用编织、钩织或针织材料。腰带甚至可以用金属制成，20 世纪 60 年代由玛丽·奎恩特等设计师制作的金属腰带曾风靡一时。

无论腰带是用毫无瑕疵的橡木植鞣革手工切割，搭配定制的五金件制成，还是用钩针织一条带子捆在腰间，它都必须与系列整体概念相关。通过

宽和服腰带样式的皮腰带，带有银色五金 D 扣细节

廓形、材质和五金件，腰带要体现品牌的标志性，或展示特定系列的风格。

　　腰带的材料选择应与其功能相关。腰带是否与衣服相匹配？例如，牛仔裤起源于工作服，由于打工人没钱请裁缝做合身的裤子，必须要系上腰带不让裤子掉下去。所以，皮带制造商和牛仔裤公司之间的合作一直持续至今。

　　有些腰带设计对宽度和样式有特殊要求，需要通过绘制不同廓形的草图来进行尝试。腰带设计必须符合人体工学。平直的腰带会自然地待在腰线上，而有弧度的腰带能勾勒人体曲线，在人体上呈现更多自然轻松的形态。确定了腰带的材料和廓形之后，边缘处理方式也要考虑。举例来说，包括边缘抛光、漆边、染色或者双折边车反，边缘和内衬也可以和外皮做撞色。

　　接下来要考虑皮带如何固定，用来固定的扣袢是皮带整体设计表达的一部分。扣袢有各种材料：尼龙或塑料扣适合运动系列，奢侈品牌大多选择定制设计的扣袢，并加工成特定的颜色，和服装系列相搭配。大规模生产的皮带会用现成五金件。无论选择何种五金件，皮带宽度都要和五金件相适配。

　　腰带五金件可以同时兼具实用和品牌营销属性，如爱马仕的 H 形扣，还有帕科·拉巴纳（Paco Rabanne）使用的圆形扣。腰带扣袢会被频繁系上和解开，所以必须耐用，而且有不同的尺寸。扣袢还有调节腰带长短的功能，一条腰带上可以打三到四个孔眼，以便适配不同的腰围。

8
Professional Development
职业发展

时尚界竞争激烈，人满为患，要想获得关注，你需要的不仅仅是做一个有才华的设计师。除了天马行空的创意和扎实的设计功底，还需具备一些助你迈向成功的个人素质。成功的设计师要在职业生涯中不断地更新自己的知识技能储备，要有对新事物的求知欲，以及触类旁通的创造力。无论在哪个市场层级，无论设计师的身份是企业家、品牌开发商还是为现有公司带来独特视角的企业内部人士，设计师都必须以开放的心态对待设计企划，发挥最佳创意，引领创新。

是什么造就了成功的设计师?

时尚界要求设计师必须具备某些特质,
最首要的就是能诚实地评估自己,
到底能提供多少新鲜的,与专业相关的,且与众不同的东西。
在竞争激烈的时尚界,创意与个性交织在一起,
所以对创意的批评可能会让人感到不爽,甚至难以接受。
因此,设计师需要有高度的自我意识和自我批评能力。
下面的问题将帮助你判断你的长处和短处,
并确定你是否具备能通向成功的个人素质。

- 作为设计师,你对自己的能力有信心吗?
- 你是否有能力在任何情况下都做出积极的反馈?
- 你是否有抗压能力,在面对不确定性和想法被拒绝的情况下,能否继续保持自我激励?
- 你有领导一项任务直到成功完成的动力和决心吗?
- 你是否愿意接受新思想、新挑战和快速变化?

请记住,进入一个岗位之前,你不需要成为所有事情的"专家",但你必须有学习新知的意愿。

除了推动一个系列的创意方向,设计师另一项重要工作是能清晰地传达意图来启发团队成员。

传达意图可以通过视觉或语言,设计师必须同时掌握两种方式,以便更好地表达与团队共享的设计愿景。设计师可能直接负责将想法变成最终成品,因此,有信心制定一个能够落地的概念,并为实现概念而承担能力范围内的风险是很有必要的。

设计是团队工作,团队协作能力也至关重要。团队其他创意成员可能不同意设计师的观点,或者可能拒绝设计师的想法。资源丰富、有求必应,都有助于设计师超越对创意的自鸣得意,而去寻找新的解决方案。当一个想法只能停留于纸面时,就需要进行商讨、妥协和接受。与其他创意人合作,设计师便能与更多有才华的人建立工作网络,共同为更广阔的设计实践添砖加瓦。设计师要有持久热情,通过对当代全球文化的广泛了解,掌握将信息转化为箱包配饰灵感的能力,来探索新的设计视野。

设计教育

每位设计师的成功之路都是不同的，

无论你是从一开始就想成为设计师，

还是从某个领域的专业人士转向时尚行业。

设计教育可以帮助你决定你想成为什么样的设计师，

以及帮你找到你最有热情的设计领域。

时尚配饰设计课程，

是为设计师提供基础知识模块的高度专业化课程体系。

调研技能，对颜色和廓形的理解，

绘图技能（手绘和CAD），熟悉不同材料，制版，缝纫，

专业技术和采购材料的能力，

都可以在一段时间的学习后得到巩固，通常是三到四年。

与此同时，设计师还要学习如何发现和诠释流行趋势对配饰设计的影响，

并创造新的设计方向。

大多数设计课程都包括真实的产业项目，

让学生有机会体验在产业内工作是怎样的，

学生也可以通过设计比赛来提出更多创新的产品解决方案。

教育，可以让优秀设计师更上一层楼，成为杰出的、高水平的设计师。一些时尚设计学位结合了市场营销和商业技能，适合打算创建个人品牌和公司的人。除了学习一门手艺外，在著名的设计院校接受专业培训，还能让设计师在竞争激烈、选择多元的时尚行业中增加可信度。

大多数学习时尚的人都想成为服装设计师，而每年接受配饰设计课程培训的人和成为专业配饰设计师的人都非常少，但这个行业的机会却很多。作为一个产品大类，对许多品牌来说，时尚手袋和配饰是一个高利润增值领域，是必不可少的。对配饰设计师来说，不仅可以沉浸在时尚文化中，同时又有机会在跨越时尚设计和产品设计的利基市场中进行专业设计。

实习

在时尚界有一段工作经验是很有用的，而且实习工作也通常是课程的一部分。实习让设计师能在"真实世界"中应用课程所学，帮助他们聚焦职业方向，或了解不太熟悉的行业领域，如产品开发、营销或造型设计。

在实习期间，设计师不仅要学习商业设计和生产制造，还要学习配饰设计的所有产品类别，包括时尚包袋、行李箱、小皮具、手套、皮带和眼镜等的产品研发。配饰设计师通常都会和服装设计师一起工作。服装设计师设计的品类众多，包括休闲装、运动装、晚装和外套，这些服装都要与箱包配饰相搭配。还有鞋靴设计师，使用新材料将设计与舒适、形式和功能相结合，创造不同风格的鞋靴。在一些公司或品牌，配饰设计师还要设计五金件，或与其他专家合作开发组件。

经过在专业领域中的实习，设计师能建立起宝贵的行业工作联系，也更容易就业。由于时尚行业的全球性，设计师应该考虑在全球时尚公司的工作经验，以获得知名国际品牌成为潜在雇主的机会。好的实习也会让设计师认识时尚界大咖，获得宝贵的指导或行业经验的分享。在较大的公司，获得实际上手的实践经验可能比较少，但有更多的机会来建立工作联系。较小的初创企业或公司也许会提供更全面的经验。实习应该被看作对实习生和公司都有利的合作关系。

Maison Peaux Neuves 葡萄皮
Haut les Coeurs 肩包

作品集

无论你是在申请课程，还是在行业内工作，
一个能充分展示自己作为设计师的作品集是非常必要的。
在初期准备阶段，你必须回答以下问题：

- 作品集为何而准备？

- 作品集将如何体现你的技能？

- 作品集是否与申请的工作岗位相匹配？

- 作品集的最佳形式是什么（数字或实物，横向或纵向）？

为了创建一个令人印象深刻的作品集，设计师首先要考虑作品的展示形式，确定哪些布局和图形在视觉上是有趣的，以及有趣的原因。例如，排版的方向，背景颜色的选择，图像和文本的位置，以及图像的比例。创建作品集的目的，是展示设计师的优势和审美，作品的比例构成和平衡，还有对沟通合作的理解。强大的展示技巧可以吸引观众阅读，并从中得到更多信息。

作品集是设计师作品和技能的视觉体现，就像一本书，要有一个激动人心的封面，让读者想要看里面的内容；还应讲述一个完整的、令人信服的故事，有内容页、章节标题、插图，以及令人难忘且惊叹的最后一章。为了让整本作品集逻辑完整，中间不能缺页。当设计师在找实习或第一份工作时，作品集是最有价值的。因为在投简历的过程中，初入职场的设计师没有可供评判的过往记录或工作经历，雇主会把作品集视作了解设计师潜力的一个指示。对设计师来说，作品集是向公司或行业专家推销自己的宝贵契机。

如果申请一个特定岗位，那作品集必须与该岗位要求相匹配。设计岗位需要求职者有各方面的设计能力，包括在作品集中呈现手绘和 CAD 绘图。产品研发岗位专注于制作原型，作品集要呈现更多的 CAD 工艺技术图。如果你要申请不同岗位，那最好针对每个岗位制作侧重点不同的作品集。不是所有在作品集里的视觉内容都要用电脑制作，但要能体现你掌握了这些工业绘图软件，如 Photoshop 和 Illustrator CAD。

编辑一个成功的作品集需要遵循一系列步骤，以及用批判的眼光来评估、分析和编辑所呈现出来的工作经历及设计技能。时尚行业竞争十分激烈，每年都有非常多的毕业生和年轻设计师带着优秀的作品集在寻找实习或工作机会。

创建一个作品集

作品集，主要用视觉元素、绘画、图片和影片，全面展现关于设计师的视觉故事。举例来说，速写本的页面主要展示思维过程和一个想法是如何发展的，而最终版面则是展示想法的解决方案。速写本和最终版的作品集都展现了设计过程不同阶段的有效思考。

一旦决定了要申请的方向，就要提醒自己你要申请的岗位是什么，以及其工作描述，以确保作品集中所展示的技能与之匹配。因为面试官看作品集的时间很短，想要给人留下印象，作品集和工作岗位就必须强相关，展示雇主想要看的东西。有时候，品牌会要求设计师做一个特定的作品集项目。接到这样的任务后，需要调研品牌历史、主要员工、产品范围、主体市场、消费群体和合作伙伴，还要关注企业的一些特殊活动，如慈善事业、可持续发展和创新，这些都可以作为作品集项目风格和内容的参考。任何作品集项目都要秉承品牌精髓，明确地展示对品牌的理解。作品集要体现设计师对品牌现有定位的发展延伸，品牌是不会录用只会设计现有产品的设计师的。

克洛伊·辛尼（Chloe Shinnie）设计的帆布牛皮包

172

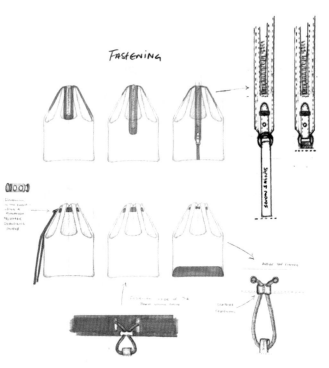

埃莉诺·摩尔的速写本内页举例，工艺技术图

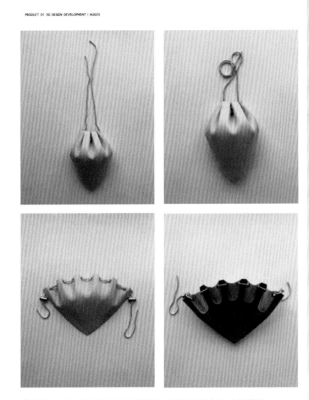

埃莉诺·摩尔的速写本内页举例，展示了迷你尺寸的模型

埃莉诺·摩尔做的皮包

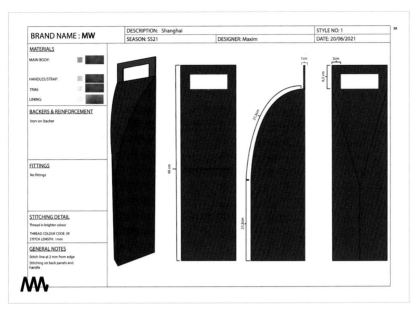

BRAND NAME : **MW**	DESCRIPTION: Shanghai		STYLE NO: 1
	SEASON: SS21	DESIGNER: Maxim	DATE: 20/06/2021

MATERIALS

MAIN BODY:

HANDLES/STRAP:

TRIM:

LINING:

BACKERS & REINFORCEMENT

Iron-on backer

FITTINGS

No fittings

STITCHING DETAIL

Thread in brighter colour

THREAD COLOUR CODE: 39
STITCH LENGTH: 1mm

GENERAL NOTES

Stitch line at 2 mm from edge
Stitching on back panels and handle

长条形的皮革香槟包（对页）和马克西姆·温克尔斯的工艺技术图

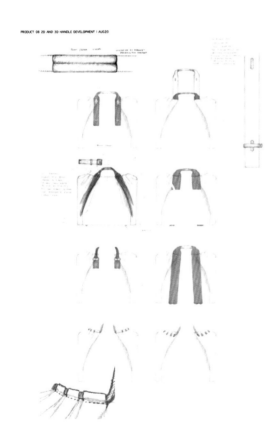

PRODUCT 08 2D AND 3D HANDLE DEVELOPMENT | AUG20

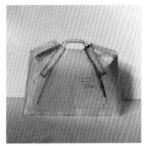

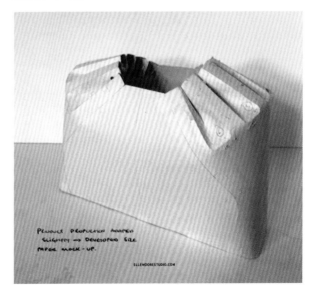

埃莉诺·摩尔的速写本内页和迷你尺寸的模型

安妮卡·安德森画的箱包外观和内部的 CAD 图

实物作品集，还是数字作品集？

实物作品集和数字作品集作用不同，各有优劣。做成实物作品集的，一般是因为在屏幕上展示效果不佳；作品可能需要通过触摸，来展示实物纹理质感。实物作品集必须便于携带，能摊在桌上向几个人展示，所以要十分注意其尺寸，以及是否易于翻看。展示效果良好的实物作品集，其叙事方式更易引导观众观看，在形制方面也遵循一定的顺序，很少出现格式方面的问题。实物作品集不太容易被广为传阅，因此版权保护性更高。实物作品集制作成本不菲，但专业的作品集页面印刷成本也很昂贵，所以定制的、手工制作的或可触摸的作品集，也是值得投资的。

通常来说，实物作品集的尺寸最大是 A3，这也是作品集的行业标准尺寸。在拥挤繁忙的办公室里展示作品集，任何更大的尺寸都不太现实。鞋类作品集可以是 A3 或 A4 尺寸，但在这两者之间选择一个非标准尺寸，会让作品集变得更加显眼，脱颖而出。

数字作品集的尺寸有更多自定义空间，可以被快速和广泛地分享给他人观看，且制作成本低廉。数字插图在屏幕上看起来很专业，但如果使用相同的软件和滤镜制作，就会显得很普通。还有一些不可预测的问题，比如一个常见的严重问题是，在不同的设备上浏览作品集可能呈现的效果不同。数字作品集文件格式过大，不易打开查看，压缩也可能

安妮卡·安德森的抽绳钱包的 CAD 图像

出现错误，造成清晰度的损失。

　　数字作品集很容易在查看时"顺序混乱"，所以最好将所有页面按顺序排成一个文件。这样在面试时，只需要打开一个文件就可以开始讨论工作。面试时在平板电脑上展示数字作品集，比在笔记本电脑上分享要容易得多，但因屏幕所限，限制了作品集图像的大小。数字作品集要设密码保护，所有页面加上水印和版权，未经许可不能随意下载和复制。由于数字作品集存在"浏览疲劳"，所以在制作时，要比实体作品集多花些心思进行编辑。

　　虽然数字作品集是提供作品试读的好方法，但实物作品集往往更能显示个性和天赋。如果想把作品集递给公司，数字作品集会更方便，但在面对面

的线下会议中，由于屏幕尺寸所限，数字作品集的展示效果可能会不理想。

　　比起把演示文稿在屏幕上放大，直接看实体纸页是更自然的观看方式。在面试中，虽然实物作品集更容易翻看，但作品集采用何种形式，仍取决于申请者本人。作品集的形式也取决于里面的项目内容最初是如何做出来的，以及实物作品在屏幕上显示出来的质量如何。3D 可视化软件的出现，进一步影响了作品集的展示形式，此类作品集能显示申请者的设计技能和对相关 CAD 软件的掌握，比起在纸张上绘画和 2D 渲染效果图，3D 效果图更加逼真。在实物和数字作品集中，都可以添加 3D 图像。

　　数字和实体作品集都可以以横向（笔记本电

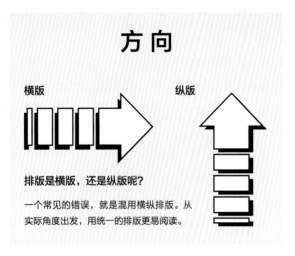

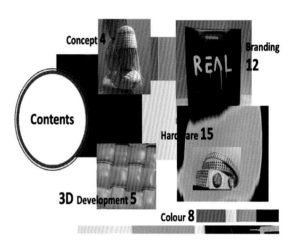

脑）或纵向（平板电脑和手机）的方式阅读。但在一个作品集里不要出现横纵混合排版，这是常见的错误。从实用的角度看，作品集里页面方向一致会更易于阅读。作品集里大多数作品可以自然地划归于不同项目，这能更好地体现作品集的逻辑性。不同项目之间的自然分割，也让申请者和面试官在谈论作品集时有自然的停顿休息。

平面设计

如果不能一下子让观众看到想看的东西，他们很快就会失去对作品集的兴趣，并可能对设计师的价值做出仓促的判断。作品集中只需展示最优秀的作品，如果拿不定主意，就少展示一些，但要保证作品质量足够好。

使用平面元素，如背景、字母和不同比例的图画，能有效创造视觉戏剧化效果，并让观众得到持续的视觉刺激。彩色的背景让观众的注意力集中在设计工作上。应选择与作品相称的背景，创造出贯穿项目和整个作品集的氛围感。字体也是如此，选

择易于阅读，并与设计作品能产生共鸣的字体。字体也会随时尚潮流而变化，使用过时的字体会让作品集显得古板陈旧。图画、照片和字体的比例也很重要，是创造视觉冲击力的有效手段。例如，缩略图可以与较大的照片、插图或文字相结合，产生有视觉冲击力的布局。

作品集小样排版

整理作品集是一项艰巨的工作。在开始之前，可以先做一个小号的页面排版计划，尝试更多的方式，也能节约时间，更有效地利用资源。作品集的展示方式没有硬性规定，但可以遵循一些基本的平面设计规则，让作品集看起来更专业。

不是所有的图像都有相同的冲击力，因此图像也要有主有次，要把最关键的图像尽量放大。排版布局可以对称或者不对称。对称布局是平衡的，从左到右或从上到下使用相同的设计元素。不对称布局不使用对称元素，而是利用视觉层次和图文比例，创造页面的平衡。视觉上的戏剧效果和动态方

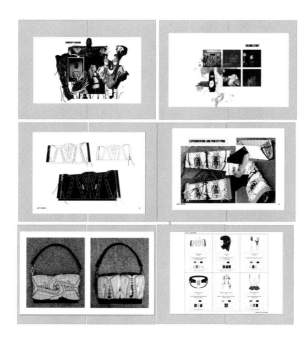

电子作品集
– 主题方向
– 图文关系
– 每页有多少图片
– 尺寸大小

你的故事是什么?
– 概念
– 设计理念
– 编辑
– 细节
– 材料
– 工艺
– 颜色
– 观众

塞巴斯蒂安·门多萨·古提耶雷兹速写本里做的排版计划

对称排版

不对称排版

背景连续

顶天立地式排版

霍利·考恩（Holly Cowan）的手提包 CAD 图

向性布局，能够引导人们的视线浏览页面。

　　作品集中，成对或成组的图片能相辅相成。例如，使用两张来自同一次拍摄的照片，或具有相同情绪和美感的图片。

　　在打印图片时，使用类似的彩色背景或滤镜能让作品集更有整体感。制作数字作品集时，也不要一直使用默认的白色背景。使用高对比度的颜色，可以让设计元素脱颖而出，而重复的元素更有一致性。例如，在一个作品集中展示三个不同的项目，需要通过不同的元素、平面设计风格及字体排版，让每个项目各具特色。页面上的留白是很有用的技巧，在图像的四周留白，可以让图像更突出。在作品集中有策略地留白，可以让图像和布局更清晰明了。

　　还有一个很重要的平面设计原则，就是每张页面里的图片都要在相同的页边距之内进行对齐，这样页面既专业又有连续性。使用 Illustrator 等软件很容易做到这点，但对于实物作品集来说就比较困难。可能最便于记忆的平面设计原则就是三分法，即每页被分为三行和三列。凡是线条相交的地方，就会产生视觉焦点。

拓展你的视野

设计师能够成功的一个关键因素，
是能不断挑战自身能力，超越舒适区。
对时尚界以外的设计师群体兼学兼收，能获得很多益处。
经常与思考和工作方式非常不同的设计师在一起，
这种挑战能让设计师有机会去评估自己和发展自己的能力，
让设计更加有原创性和创新性，
更有助于开展充满创意的合作。

马克·纽森为新秀丽设计的 Scope 行李箱

工业设计师马克·纽森（Marc Newson，生于1963 年）曾与行李箱品牌新秀丽和奢侈时尚品牌路易威登合作，用创新材料设计行李箱系列。通过对热塑性泡沫和不同材料的复合实验，纽森创造了一种革命性的轻质、耐用且坚固的针织材料，软硬适中，在 2005 年应用于 Scope 系列的行李箱。在此之后，他与路易威登合作开发了为当代旅行人士设计的一系列创新软质拉杆行李箱，这些行李箱由 3D合成针织面料制成，其上有设计师马克·纽森对路易威登老花图案的全新诠释。这种定制的科技织物采用无缝针织技术，不会产生任何废料。

时尚界的行动派们，正在讨论关于过度消费、浪费和不平等的问题。我们能从"绿地毯奖"之类的倡议活动中看到，全球的设计师和名人们在颁奖季中，为大家带来了最好的可持续时尚。"帕里为海洋"组织为创意人士打造了一个共享创意空间，来提高人们对塑料垃圾污染的关注度（见 101 页）。法国奢侈品公司开云也承诺在其供应链中实现碳中

Troubadour 的周末旅行包

和，包括旗下时装品牌巴黎世家、古驰、圣罗兰和亚历山大·麦昆。这两项倡议活动都十分有益，当你试图在时尚产业中寻找自己的定位时，也许可以关注类似的活动。

类似商贸展的专业行业论坛，常常会提供灵感、展览，和新的想法、材料以及工艺展示。琳琅珮琍皮革展和品锐至尚面料展为设计师们提供机会，可以为新的箱包配饰系列采购材料、五金件和组件，并可以在行业内建立工作联系。商贸展，如拉斯维加斯 MAGIC 展、巴黎和美国的纺织展（Texworld）、米兰 MICAM 展、国际服装纺织品展、上海国际纺织面料展、昌迪加尔大型博览会、华东博览会和伦敦 Pure 展，都是向买手展示新系列的销售展会，也提供了建立工作联系和探索时尚新领域的机会。

在新的数字环境下，未来的贸易展将会有更多的虚拟活动，更方便、经济、可持续。

打造个人品牌

建立工作网络，对扩展视野来说非常重要，能带来在专业领域的发展机会。同时，这也是一个好的契机，通过打造个人品牌，能与其他有同样兴趣和价值观的专业人士共享观点。

与其他任何产业相比，时尚业对某些有特殊才华的个人给予了更多关注。当我们想到品牌时，会自动联想到大公司和其品牌产品。但其实，任何事物都可以成为一个品牌。个人可以拥有个人品牌，影响消费者的观念，并以此建立和发展品牌主张。

个人品牌是技能加经验的独特组合，更具有原创型，也更与众不同。个人品牌可线上线下同时经营，这是一个非常重要的专业领域，也是一个好机会，能将独特的个人风格和志同道合的公司或品牌结合在一起。

在社交媒体平台上，个人品牌可以构建品牌叙事，放大个人品牌的影响力。你的声音、你的个性，都要通过行事体现出来，给人们制造记忆点。要有策略地建立个人品牌，有效利用社交媒体，实现交叉推广，建立与业内人士和全球的联系网络。从职业发展的角度来看，个人品牌有助于你制定职业战略，将你的目标与你工作的公司保持一致，或者能基于个人目标来评估你成功与否。

古驰，2018 春夏系列

通往成功的道路

打入时尚界似乎令人生畏；

天赋和有资源关系都会对你有所帮助，但制胜关键在于战略。

摆在你面前的选择很多，需要决定的第一件事就是，

你想为一家公司或品牌工作，还是想自立门户。

接下来必须决定你要进入哪一个层级的市场。

是为独立客户做手工高级定制，还是做高街成衣？

你是想创造慢时尚模式，还是为解决某个特定问题而做设计？

为公司工作还是为自己工作，是一个重大的决定，各有利弊。进入社会之初，在公司工作可以获得更多经验和指导，建立工作网络联系，每个月有固定工资。自主创业更具创造性，工作也较灵活，但同时也要对公司和所有员工负起责任，并且在公司平稳运转之前会有一段不停积累知识和经验的陡峭学习曲线。除了当雇员或自主创业，自由职业也是值得尝试的另一种选择，职业形式足够自由，可以设定自己的工作地点和时间表，更具灵活性和独立性，也更容易遇到新机会。全球经济数字化提供了超越地理界限的更多工作方式。作为自由职业者，你可能比长期雇员有更多自主权，但这也是有代价的，比如法律权益更少，对工作进程的掌控感更弱。你可能在一些时候非常忙，而在另一些时候不那么忙，这都会影响收入的多少，以及何时能够拿到收入。作为自由职业者，你还需要建立工作网络，以确保能及时跟上行业最新动态。

如果一开始就想为某个品牌工作，那可以列个清单，列出你最想为之工作，或者最想效仿的人和公司，并进行细致的调研，确保你掌握企业的最新动态和联系人信息。合适的话，你可以通过主流社交媒体平台进行初步接触，介绍自己，并表达你想为该公司或品牌工作的意愿。这样的机会可能只有一次，所以要谨慎且充分地做好前期准备。在求职信和工作申请中，要如实且精心编辑你以前的工作经验，以便更好地匹配工作岗位需求。你的简历（CV）必须有"存在的理由"，以个人陈述的形式解释你是谁，你的设计理念是什么，相较于其他候选人，你的不可替代性是什么，你如何为公司的成功做出贡献，以及你希望习得怎样的技能。要确保所有的信息清晰明了，你的联络人和推荐人信息都是最新的。如果企业要求，可以附上相关的推荐信、社交媒体平台账号或数字作品集的链接。

下一阶段很可能就是面试了，你要好好准备，

详尽调研该品牌或公司，并预测可能会被问到的问题。你要能够总结你的简历，自信地介绍自己，并说明你与你要申请的工作岗位有强相关性。最常被问到的面试问题是你的长项，比如你是如何处理已经过了截止日期的工作的；或者某项具体技能，例如你会使用哪些 CAD 软件。你也可能被问到有关能力的问题，来测试你的某项工作技能。例如，你可能被要求描述作为团队的一员，你是如何圆满地完成工作的。当然，无论做了多少准备，总会有一些意料之外的问题，所以你也要对意外情况做准备。你还要准备一些向面试官提的问题，以帮助你更好地了解关于工作岗位和公司的信息，并询问接下来的求职程序，以便清楚面试后要做什么。

如果你想创业，就需要有商业头脑，但这并不意味着你需要了解关于经营企业的一切，或成为一个金融专家。但你要有足够的商业悟性，向潜在的投资者或商业伙伴推销你和你的商业理念。你要考虑的首要问题，是你的产品系列与竞争对手的品牌有什么不同，如果你发现了一个利基市场，那么这个市场是否足以让你的产品成长为一个有规模的企业。充实的业余爱好并不等于有扩展前景的事业。谨慎选择投资者，并在签订法律合同前听取法律和财务人士的建议。调研已经成功的品牌或企业，其中一些可能是非时尚界的，建立其案例研究，有助于制订合理的财务计划，进行商业案例分析。

如果一开始你没成功

就时尚界而言，很少有设计师能一夜成名。他们的成功是建立在有创意资本、辛勤工作、认真细致、有雄心、有承诺和对时尚的热情之上。如果你在申请工作时不顺利，则要征寻反馈意见，并根据意见打磨在未来工作中所需的技能。与人力资源（HR）部门保持联系，了解招聘最新动态。要做好经常出差的准备，因为时尚是一个全球性的行业。要让别人对你的作品感兴趣，可以发送"试吃"作品集，以真实的方式推广你的个人品牌，并尝试与你想去工作的公司建立联系。专业的时尚猎头会让设计师置身时尚产业，提供关于如何改进作品集或简历的建议，以及面试的技巧。猎头会把自己的行业知识和经验全部传授给设计师，他们的行业关系是通过成功的招聘业务而获得的，所以在猎头处登记是非常有用的。请记住，坚持不懈必有回报。

你可以期待从第一份工作中得到什么？

设计师将为时尚包袋和其他配饰产品做原创设计，调研、画草图、选择材料和制作版型，解释说明如何制作产品。较大的公司通常雇用由创意总监领导的设计师团队。每个团队将专注于一个产品类别，如服装、鞋类或配饰设计，然后再细分为休闲装或外衣等风格。

箱包配饰设计师通常会做以下工作：

• 研究趋势，并利用趋势来预测能够吸引消费者的设计方向。

• 决定一个系列的主题或概念。

• 使用手绘和 CAD 来呈现设计。

• 走访制造商或贸易展，以获得材料和配件的样品。

• 为不同风格的箱包配饰选择材料、装饰品、颜色等。

• 与其他设计师或团队成员合作，创造原型和样品设计。

• 向创意总监介绍设计理念或在时尚展、贸易展上展示想法。

• 监督设计的最终生产。

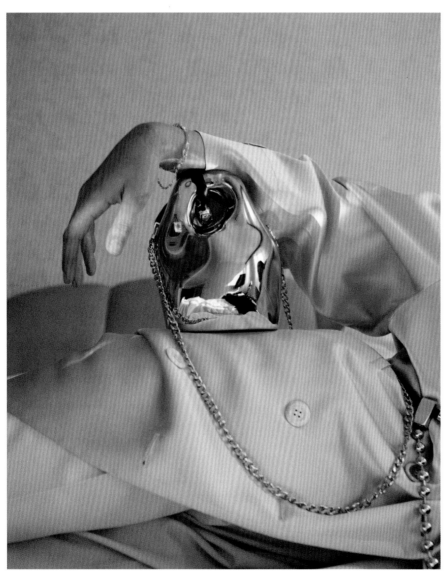

由越南品牌 Published By 创作的 3D 打印包『鲁比的最后一块石头』（Ruby's last stone）

访谈：亚历山德拉·克利梅克（Alexandra Klimek）

"我的建议是永远不要停止相信自己，
没有人像你一样关心你的职业生涯。"

亚历山德拉·克利梅克

亚历山德拉·克利梅克是伦敦时装学院科德沃恩（Cordwainers）时尚配饰设计课程的毕业生，曾在 2020 年独立手袋设计师大奖（Independent Handbag Designer Awards）中获得整体风格和设计最佳手袋奖（the Best Handbag in Overall Style and Design）。

自毕业以来，克利梅克曾在亚历山大·麦昆、安雅·希德玛芝（Anya Hindmarch）和玛百莉担任配饰设计师。她一直想创办自己的品牌，但在此之前，需要学习更多关于工艺制作、制版和产品开发的知识，并积累商业经验，以助力克利梅克启动自己的时尚配饰品牌。

你为什么决定学习配饰设计？

我对工业和服装设计都有浓厚的兴趣，无法在这两门课程中做出决定，所以我决定同时学习两个学位。一年后，我意识到，虽然我对服装非常感兴

趣，但我更倾向于设计小体量的物体，并享受用不同的材料和工艺进行挑战。要在一件物品中同时解决审美和实用问题，在形式和功能之间找到平衡，这很有趣，也一直让我很有新鲜感。

我的导师建议我考虑配饰设计，在做了一些调研之后，我在家乡波兰找到了英国伦敦时装学院的科德沃恩时尚配饰学士课程。

你认为配饰设计教育的价值是什么，你从课程中学到的哪些技能是你作为专业设计师所使用的?

如果没接受过大学教育，我不可能成为今天的

我。虽然现在有很多机会能在网上自学，但老师的监督指导，创造性的环境，以及接触新想法、技术和材料的机会，都是无价的。

我的导师们有着不同的行业背景，他们指导我，让我学习如何作为一个创意人士去探索自己，并指引我发展自己的设计风格。学生们则来自五湖四海，让我也获得了更多的国际视野。

大学的第一年，是配饰设计基础知识的学习，包括调研、设计研发、制版，以及用皮革和其他材料制作产品。随着学习的深入，在知识增加的同

时，我也变得越来越自信。通过校企结合的课程，我在第二年的期末得到了实习机会。实习真是太棒了！因为这让我把在大学学到的一切知识都投入行业实践当中。在当学生时，我总是担心很多事我还不知道，但通过实习，我知道自己其实掌握了很多技能，比如调研能力、创意设计和 CAD 制图，这些都是对行业实践很有用的，也增加了我的信心。从实习中，我学会了如何采购材料和五金件，如何绘制工艺技术图，以及有关设计周期的知识，并锻炼了管理方面的能力，让我在大学最后一年从容自若。如果没上大学，我可能永远不具备毕业生应有的理解力和专业水平，这段学习经历也能向雇主证明，我这几年一直在学习配饰设计，并会一直坚持下去。

你认为使你成功的个人特质是什么？

在金融业，你可能会发现一家公司有上百个空缺职位提供给毕业生，或者每年有上千个初级职位在招聘，但时尚行业是另一副光景。对配饰设计师来说，每年能空出的初级职位非常少，一般求职者只要得到工作机会就不会拒绝。想要在真正喜欢的公司找到合适的岗位，可能会花很长时间，但下决心等待这种工作机会到来是绝对值得的（相较于任何工作都来者不拒）。回顾过去，我确实失去过一些工作机会，但事后我很欣慰当时没有去做那些工作，因为它们并不适合我，也不能体现我的优势和掌握的技能。我目标很高，并一直设法得到我最想要的工作。我能融入不同的团队，与同事建立良性关系，这样就能够学习新技能，并从同事们的经验中受益。有时候，我也需要妥协自己的想法，并坦诚面对我懂的和不懂的事。

你如何看待未来工作模式的变化？

现在有很多很棒的自由职业机会，这将是发展的趋势。人们已经习惯于在网上工作，网络办公消除了国界限制。我们掌握的数字技术已经证明人们可以利用网络实现更高效的工作。以前必须面对面的工作，现在也能远程完成，比如检查样品。远程工作让我们的思考方式改变了，越来越依赖灵活的自由职业工作。这也是个好契机，可以同时为几家公司工作，获得更多的工作技能。

确定受众和市场水平有多重要？你如何定位自己的品牌呢？

了解受众定位是非常重要的，包括受众需求、消费习惯和生活方式，最主要的原因是这决定了产品类型、设计美学、制造方式和材料使用。更重要的是，我们所生活的国家有大量的流动人口和不同消费态度的群体。观察消费者的行为是很有意思的过程，有机会了解消费者的购买习惯。越来越多的消费者不想在网上进行简单粗暴的"点击购买"，而更希望产品能反映他们的价值观，尤其是在产品质量、可持续性和过度消费方面。收集客户反馈，是不断调整产品策略的重要方法。

奢侈品是我们经常听到的一个词。

你如何定义奢侈品？你会把奢侈品的概念应用到自己的产品上吗？

越来越多的人认为，"价格实惠的奢侈品"这一概念违背了奢侈品的初衷；大规模生产的包包，不能被称为奢侈品。对我来说，奢侈品意味着手工制作、原创、细节至上，还有能让消费者感到共鸣的品牌故事。我的产品都是手工制作的小批量产品，不是大货生产。随着网上消费的普及，奢侈品牌会更加注重消费者的感官体验，而不仅是在网上点点鼠标。

经营自己的品牌，最大的挑战是什么？这与在公司架构中工作有什么不同？

当你为别人工作时，肯定处于一个舒适区。现在我为自己工作，舒适区为零。最大的区别在于，我受雇时，工作角色是具体明确的。我被限制在某个特定领域，如在设计团队中工作或采购面料，所以很难全面地了解公司的所有工作，比如社交媒体渠道、网站设计、照片拍摄，以及与买家或商店的联络。

推出自己的品牌，意味着我必须成为精通一切的专家，才能成功地经营企业。我必须快速学习和适应所有不同的工种：创意指导、艺术指导，还有财务（虽然很有挑战性，但也令人兴奋）。最大的挑战之一便是为公司融资，以及做明智的金融投资。为大公司工作意味着总是有资金支持，但现在，我为某块业务投资之前，必须进行周全的战略思考。例如，对于测试创意想法和制作样品，我必须严格控制其成本，因为这对任何企业来说都是一笔大开销。

对想创业的人，你有什么好建议？

很多时候，对未知的恐惧会阻止你追求梦想，但神奇的是，在经过一段时间的计划和思考之后，你会不可避免地来到必须要向前推进的时候。这时你会惊讶地发现，很快你就学会了所需要具备的知识。设计师需要有强烈的自信心。我的建议是永远不要停止相信自己，没有人像你一样关心你的职业生涯。

对你来说，常规的工作日是什么样的？

我天生就很有规划性，会计划每周和每天的时间表，以便知悉重要目标和时间节点。每天从处理电子邮件开始，在家或在工作室回答问询，以及与供应商沟通或处理订单。我的一天总能在电脑工作和手作之间取得平衡，例如，在电脑上绘制设计或工艺技术图，用双手实现我喜欢的原型设计想法。箱包配饰设计的本质不是过程定式，这就给了我机会，把电脑绘图和 3D 原型实物制作结合起来。

有一个关键的点，就是如何保持创作动力，尤其是当我必须多线程工作时，要把注意力分散到企业经营的其他方面。我尽可能地抽出时间去旅行，去看展览，不断地把想法画下来，即使它们与我目前正在创作的系列没有直接关系。现在所做的，也许会成为未来设计的好点子。我阅读了很多行业报告，以了解行业发展方向，因为我的许多决策，都是基于对消费者行为新兴趋势的理解。

你觉得实物和数字可视化之间的平衡点是什么？

我不喜欢电子书。我喜欢手里拿着实体书翻看和阅读，所以我认为，我们永远不会实现只用数字化来制作设计或样品。在不同的细分市场，如奢侈品、高端或高街产品，多少会看到数字化干预，特别是针对没什么季节性变化的设计。我最近读到，每年约有 20 亿件衣服没有卖出去，所以数字化无疑提供了一个机会，能尽量减少时尚行业中的浪费，并引入更好、更可持续的生产方式。手工制作有非常吸引人和令人满意的地方，永远不会完全消失。

在时尚行业中，符合伦理道德和可持续发展有多重要？我们怎样才能避免过度生产的陷阱？

新兴品牌从一开始就有机会引入可持续生产概念，来解决过度消费和过度生产的问题。我们可以完成定制产品和小批量订单，特别是通过社交媒体和在线销售平台来获得流量，同时保证切实可行的商业模式。较小的品牌可以参考我们的数据，了解商品的销售情况，我们可以有效地计划资源和生产，来生产我们认为能有销量的产品。

季节性产品和无性别产品的未来会是怎样的？

我们的产品正在削弱季节性概念，品牌通常每年有两季，有时候两季之间也会有新产品投放。我认为现在的大趋势，是制作无季节性的、不会过时、能持续很长时间的产品。

对于有性别和无性别的产品，情况更为复杂。可以说，根据消费者的需求，女性往往比男性携带更多东西，所以我们不太会完全摒弃男包和女包的概念。就我而言，我的品牌是为任何想购买和佩戴我的产品的人而服务的。

你会给刚毕业的学生什么建议？如果你雇用实习生，会看重什么品质？

作为刚毕业的学生，很容易会看到工作招聘就想去。我的建议是，花更多的时间来寻找正确的机会。对于工作岗位，不能光看你能学到什么，而要看你能用自己的知识和经验为公司带来什么发展。好好调研公司需求，找到与你的设计技能和兴趣相匹配的机会。切忌大众化的作品集、求职信和简历，这样的材料在公司面试时，很容易看起来不太真实。

天赋当然很重要，但我更看重求职者是否真心热爱设计，胜过有多少相关经验。如果你有学习和做好工作的愿望，你就是公司最宝贵的资产，并能掌握你需要学习的知识。

名词解释

半张皮：一张被切成两半的皮。

爆炸图：产品的分解图或者工艺图，其组成部分按距离分开，以显示产品结构。

鼻梁：眼镜框上，连接两个镜片架在鼻子上的那部分。

鼻托：眼镜鼻梁下的三角形区域。

标志性单品：传达品牌个性和价值的高辨识度单品。

标志性印花：在不同的产品类别中都用到的有高辨识度的印花，以传达品牌形象。

擦色皮：涂有两层颜料的皮革，上层颜料不均匀的地方会透出下层颜色。

草模型：画出版型并裁剪下来，将各裁片缝合起来形成的产品模型。

产品生命周期：产品从研发出来，到性能下降，至最终消失经历的所有阶段。

产品研发：从设计概念到产品成品的生产全过程。

超纤：编织十分细密的合成纤维。

大兽皮：如牛等大型动物的鞣制皮。

单点透视：在地平线上设置一个消失点的透视画，多用于从正面绘制物体。

道德生产：根据实际条件和产品生命周期，考虑产品制造途径，以保证产品公平性和尽量减少对环境的影响。

对碰：两个皮片无缝隙相邻。

对碰缝合：两片皮料边缘横截面/布料折边边缘，对碰缝合在一起。

二手调研：从现有资料（由其他人生成）中获取的研究。

辅强材料：黏附在主材料背面的材料，提供强度和稳定性。

羔皮：由未完全长大的幼年动物的皮制成。

铬鞣法：使用铬盐鞣制皮革的过程。

工艺文件包：一份多页文件，包含制作精确样品的详细信息。

工艺图：表达产品设计、产品功能和结构的线稿图，用于制作精确的样品。

公平贸易：发展中国家和发达国家之间进行的对商品生产支付公平价格的贸易。

供应链：生产和分销产品所需的一系列过程。

勾心：用于保持高跟鞋鞋底倾斜度的金属加固件。

构思图：用来快速捕捉想法的小草图。

过程草图：用于解释设计的手绘草图。

合成材料：由人工物质或化学品制成的材料。

回收：重新利用废弃的材料，创造新的和可用的东西。

麂皮：由皮革反面制成，有天鹅绒般的肉面质感，手感柔软。

价格范围：产品系列的价格范围。

脚套：镜腿的末端部分，其形状利于架在耳朵上。

镜框：固定眼镜镜片的框架。

镜腿：在眼镜两侧通过铰链连接在镜框上。

可拆卸性设计：产品的零件可以被轻易拆除，或者被重新利用，尽可能降低对环境的影响。

可持续设计：设计过程中，减少设计和产品开发对环境的负面影响。

可生物降解：能够自然分解而不损害环境。

老花：用名字的首字母排列组成装饰性图案标志，以传达品牌或个人信息。

粒面：皮革的肌理、外观和组成部分。

两点透视：在地平线上设置两个消失点，多用于绘制四分之三视角的物体。

两片式结构：两片大小相等的裁片，像笔袋一样缝合在一起。

零废料生产：在产品开发过程中，以经济和负责任的方式使用资源，消除废料。

零废物：以更经济且负责任的方式使用资源，消除废料。

慢时尚：阻止时尚产品过度生产和过度消费的一种方式。

拇指片：手套结构中，容纳拇指的部分。

纳帕皮：一种全粒面、无破损的皮革，非常柔软和有弹性。

内包头：维持鞋头形状的辅强材料。

内底：鞋楦底的模板，与鞋面相连。

牛巴革：十分耐用，有天鹅绒般的表面质感，一般由头层牛皮制成。

剖：将皮革横切分割成几层的过程。

漆皮：在皮革上涂上树脂或塑料层，使其表面有光泽。

企划：与客户或消费者经过商讨而形成的指导意见，用来定义设计项目的范围和管理模式。

情绪板：调研图像资料的视觉总结。

全粒面皮革：质量最好的皮革，表面没有经过抛光，保留了皮革的自然特性。

人体工学：产品与人体之间的适配。

鞣制：将动物生皮转化为皮革的过程。

肉面：皮革有毛绒感的底面，与光滑的粒面相对。

三点透视：俯瞰角度的透视画通常使用三个消失点，两个在地平线上，一个在其上方或下方。

散口（毛边）：切割开的、未经处理的材料边缘。

色彩板：产品系列所使用到的颜色。

色调：原色和间色加入不同灰度后的微妙色彩变化。

色相：黄、橙、红、紫、蓝、绿六种原色或间色的不同色调。

设计周期：设计师创造和评估产品的全流程。

升级再造：重新利用废弃材料，创造出比原来价值更高的新产品。

手工片皮：手工将皮革的某部分削薄。

束口荷包：一种小型的装饰性抽绳袋，在十八至十九世纪初被妇女用作手提包。

统片：手套的正面裁片部分。

透视画：线图的一种形式，在水平线上用线条真实地表现三维物体。

五金件：箱包上的功能性和装饰性部件，通常由金属制成，用来连接背带和手柄；给包袋封口，如锁扣和口金；保护包袋，如包底的金属脚钉或金属角；作为品牌 Logo 铭牌。

消失点：平行线在地平线上的交汇点。

小风琴褶：插入接缝中的三角片，以增加体积或减少接缝处的压力。

小皮件：可放置硬币、钥匙或信用卡等物品的小包袋，或保护太阳镜和耳塞等物品的盒子。

小兽皮：小型动物如绵羊或山羊的鞣制皮。

效果图：上色的插画，用来表达系列的概念。

鞋底：鞋子的底部，用来覆盖鞋子的内部零件。

鞋垫：鞋子里面的衬垫。

鞋跟：连接在鞋底的木头或塑料部件，让鞋后部形成不同的高度。

鞋面：绷在鞋楦上形成鞋表面的部分。

鞋楦：制鞋用的 3D 脚型模型。

虚拟现实：与现实世界相似或不同的模拟体验。

渲染：给图上色和添加纹理细节。

压纹皮革：在皮革表面压制图案。

眼镜片：固定在眼镜架上的两块玻璃或塑料，每只眼前有一块镜片。

演示文档页面：上色的系列成品图。

钥匙套：一个小的、钟形的套钥匙的小袋子，一般挂在包袋提手上。

一片式结构：带有内置底座的箱包版型，以扩充体积。

一手调研：从最初始的（或自己产生的）资料进行研究。

原型：1:1 尺寸，功能完备的产品样品。

模型：产品的实验模型或副本。

再生设计：有修复和更新属性的设计及产品开发的过程，具有积极影响。

增强现实：现实世界的一种互动体验。

折边：散口的边缘向内折并固定。

植物鞣制：使用树皮等天然单宁酸鞣制皮革的过程。

指叉：手套每个手指之间的侧片。

指丫条：一个小的方形裁片，让手套的手指部分可以更灵活地活动。

智能材料：可以被外部因素，如化学品、热量或电脉冲改变性能的材料。

中驳车反分粘 / 中驳车反襟线：将不做边缘处理的两片材料正面对正面进行缝合，之后将缝份在反面胶粘或襟线。

重点色：作为点缀的明亮颜色，引起人们对产品某些元素的注意。

主跟：维持后跟形状的辅强材料。

主色：在整个系列中大量使用的主要颜色。

图片说明

图书在版编目（CIP）数据

时尚箱包及配饰 /（英）达拉-简·吉尔罗伊（Darla-Jane Gilroy）著；国情译. —北京：机械工业出版社，2024.6

（艺领时尚书系）

书名原文：Fashion Bags and Accessories

ISBN 978-7-111-75684-2

Ⅰ.①时… Ⅱ.①达… ②国… Ⅲ.①箱包 – 设计 ②服饰 – 设计 Ⅳ.①TS563.4 ②TS941.2

中国国家版本馆CIP数据核字（2024）第082004号

机械工业出版社（北京市百万庄大街22号　邮政编码100037）

策划编辑：马　晋　　　　　　责任编辑：马　晋

责任校对：潘　蕊　张　征　　封面设计：张　静

责任印制：任维东

北京瑞禾彩色印刷有限公司印刷

2024年6月第1版第1次印刷

210mm×285mm·12.25印张·272千字

标准书号：ISBN 978-7-111-75684-2

定价：148.00元

电话服务　　　　　　　　　网络服务

客服电话：010-88361066　　机 工 官 网：www.cmpbook.com

　　　　　010-88379833　　机 工 官 博：weibo.com/cmp1952

　　　　　010-68326294　　金 书 网：www.golden-book.com

封底无防伪标均为盗版　机工教育服务网：www.cmpedu.com